中厚矿体卸压开采
理论与实践

王文杰　著

北　京

冶金工业出版社

2013

内 容 提 要

本书结合中厚矿体开采特点，分析了中厚矿体开采后的基本地压活动规律和分布特征，研究了中厚矿体采用崩落法卸压开采时的影响因素，阐述了卸压开采与矿体条件、采场结构参数、回采参数以及崩落矿岩性质间的相互影响关系，提出了卸压开采与各影响因素间的约束条件；分析了卸压开采与矿石回采指标间的关系，建立了崩落法卸压开采的参数优化模型，并分析了崩落法卸压开采适合中厚矿体的条件；根据卸压开采原理，分析了卸压程度与巷道支护参数间的协调关系；最后介绍了两个矿山中厚矿体的不同卸压开采方案。

本书可供从事金属矿山地下开采生产的工程技术人员以及难采金属矿体开采方法的研究人员参考，对高等院校矿业工程等相关专业的师生也有较好的参考价值。

图书在版编目（CIP）数据

中厚矿体卸压开采理论与实践/王文杰著 . —北京：
冶金工业出版社，2013.10
ISBN 978-7-5024-6413-4

Ⅰ.①中…　Ⅱ.①王…　Ⅲ.①中厚矿体采矿法
Ⅳ.①TD853.25

中国版本图书馆 CIP 数据核字（2013）第 245738 号

出 版 人　谭学余
地　　址　北京北河沿大街嵩祝院北巷 39 号，邮编 100009
电　　话　（010）64027926　电子信箱　yjcbs@ cnmip. com. cn
责任编辑　张耀辉　美术编辑　杨 帆　版式设计　孙跃红
责任校对　禹 蕊　责任印制　张祺鑫
ISBN 978-7-5024-6413-4
冶金工业出版社出版发行；各地新华书店经销；北京百善印刷厂印刷
2013 年 10 月第 1 版，2013 年 10 月第 1 次印刷
148mm×210mm；9.25 印张；271 千字；282 页
36.00 元

冶金工业出版社投稿电话：（010）64027932　投稿信箱：tougao@cnmip. com. cn
冶金工业出版社发行部　电话：（010）64044283　传真：（010）64027893
冶金书店　地址：北京东四西大街 46 号（100010）　电话：（010）65289081（兼传真）
（本书如有印装质量问题，本社发行部负责退换）

·前　言·

矿产资源是社会发展所需的基础材料，是工业化进程以及人类文明进步所需的原料。对矿产资源进行充分开发利用和提高资源回收率是矿产资源开发利用的基本原则。随着金属矿山开采深度的增加，以及矿产资源的日渐枯竭，对矿产资源进行安全高效的充分回收并降低回采成本是资源开发利用中应着力解决的重点问题。

我国地下开采的金属矿山中，中厚矿体所占比例较大，且随着采深增加，许多厚大矿体也分枝成中厚矿体，因此中厚矿体的比例将会进一步增大。随着开采深度的增加，地压对回采的影响也会逐渐增强，采准工程及采场受地压破坏的风险也会越来越大。增加中厚矿体开采中采准工程稳定性，保证生产安全是顺利开采的前提。

通过加强支护以及其他地压控制综合措施可以解决中厚矿体开采中地压对采准工程的破坏影响，但是所能取得的效果和付出的成本却往往不成比例。因此，如何采取更为有效的低成本措施来降低地压对开采的破坏影响是值得探索的。

卸压开采是运用应力转移原理，将回采区的高应力通过一定的卸压措施转移到四周，使区内应力降低，改善矿岩体的应力分布状态，控制由于多次采动影响而造成的应力增高带相互重叠的程度，从而实现顺利开采。根据卸压方式不同，其基本可以分为周边卸压、巷道卸压和开采卸压三种。由于周边卸压和巷道卸压都需要额外布置相应的卸压工程，增加开采成本，因此开采卸压是中厚矿体相对较理想的卸压方式，即可以通过开采卸压来降低地压对中厚矿体的影响，从而实现安全生产的目标。

本书结合中厚矿体开采特点，分析了中厚矿体开采后的基本地压活动规律和分布特征，并重点分析了中厚矿体采用崩落法卸压开采时的影响因素，阐述了卸压开采与各影响因素间的约束关系。由于卸压开采与矿石回采指标间存在着矛盾关系，为了卸压需要多回采废石，从而增加了矿石贫化率，而过大的贫化率必然造成生产成本的增加。为此，本书分析了卸压与矿石回采指标间的影响关系，建立了崩落法卸压开采的参数优化模型，并分析了崩落法卸压开采适合中厚矿体的条件。

虽然卸压开采可以有效降低采场及主要巷道位置处的地压，但仍需要在卸压之后采取相应支护措施，通过卸压与支护相配合的综合措施来保证主要巷道的稳定性。本书根据卸压程度不同，分析了卸压与巷道支护间的协调关系。

本书最后介绍了赞比亚谦比西铜矿中厚倾斜矿体采用无底柱分段崩落法卸压开采的技术方案及参数，介绍了广西高峰矿深部中厚矿体采用充填法开采时的卸压措施和主要工程布置方案。

书中相关内容的研究工作获得了东北大学任凤玉教授的悉心指导，谨在此表示衷心的感谢！在与本书编写相关的工作中，马生徽、马雄忠、叶鹏、钱立、李贤参与了部分数值计算及分析工作，并对书稿进行了校对，在此对他们的付出表示感谢！

本书的撰写和出版得到了国家自然科学基金项目"中厚矿体崩落卸压机理及动态约束研究"（50804036）的资助；书中工程实例介绍得到了中国有色建设集团赞比亚谦比西铜矿和广西华锡集团高峰矿业公司的支持，在此一并表示感谢。

由于作者水平有限，书中不当之处，恳请广大读者批评指正！

作　者
2013 年 8 月

· 目 录 ·

1 中厚矿体开采特点及现状

1.1 研究背景

新中国成立以来，我国金属矿采矿技术迅速发展，特别是近 30 年来，全面开展了各种现代化采矿工艺和技术的攻关研究，使我国金属矿采矿技术水平迅速提高，有力地促进了金属矿开采工业的发展[1~3]。而在整个金属矿采矿工业中，地下开采的矿山数目远远大于露天开采的矿山数目，并且随着露天开采的不断延深，不适合采用露天开采方式继续开采的矿山也将由露天开采转为地下开采。可见，采用地下开采的矿山数目还将不断增多。

据统计，在我国金属矿床地下开采中，中厚倾斜矿体开采数目约占矿床开采总数的 23%，而随着地下开采深度的增加，许多矿体都出现尖灭现象或分支复合现象，这将使中厚倾斜矿体的开采比例进一步增大。该类矿体的开采特点是崩落矿石的移动空间条件较差，因此对采准工程的可靠性要求比较严格。而随着地下矿山开采深度的不断增加，越来越多的地下矿山都面临着地压显现明显，对回采造成的危害越来越严重的问题，从巷道的破坏形式来看，都是在受压作用下发生的逐渐破坏。因此，对于矿岩比较松软破碎的中厚倾斜矿体，一旦采准工程遭到地压作用而发生破坏，其负担的矿量容易成为永久损失。

从资源占有量来看，到 2003 年，我国已查明的矿产资源总量约占世界的 12%，属于世界上资源大国之一。但是我国人口众多，人均占有量只有世界人均占有量的 52%，而经济需求量大的铜、铝、铅、锌、镍大宗矿产资源储量占世界比例只有 3.9%、2.3%、12.6%、11.8% 和 4%。而随着我国经济的快速发展，对矿产资源的需求也在不断增加，原料短缺的形势日益严峻，对国外的原料依赖程度也越来越大。2004 年，进口的铁矿石占消耗量的 55%，铜为

70%[4~6]。因此，为了满足国家经济建设对矿产资源日益增长的需求，必须加大难采矿体的研究与开发。

1.2　倾斜中厚矿体开采现状

倾斜中厚矿体，倾角 30°~55°，矿体平均厚度 4~15m，是国内外公认的难采矿体，在金属和非金属矿山占有很大的比重。特殊的矿体产状，使此类矿体在开采过程中出现一系列技术问题，如采矿方法难以选择、采切工程量大、崩矿和矿石运搬困难、机械化程度和作业效率低、生产周期长等。国外的矿体价值、品位相对较高，多采用高成本的充填法开采。而我国大多数矿床价值、品位不高，多采用分段空场法、爆力运搬法、无底柱分段崩落法等，虽在一定程度上降低了采矿成本，但仍存在生产能力低、矿石损失率高、劳动强度大等问题。

1.2.1　低分段落矿高分段出矿分段矿房法

胡家峪铜矿南河沟 7 号矿体为沉积变质似层状铜矿床，含矿岩为硅化大理岩，比较稳固，$f = 8~10$，倾角 40°~55°，矿体平均厚度 5~6m，含铜品位 0.79%。矿体上盘为大理岩，较稳固；下盘为黑色片岩，不稳固，$f = 4~6$，在靠近矿体处有一较大的断层破碎带。矿山采用低分段落矿高分段出矿分段矿房法开采。

阶段高度为 50m，分段高度为 17~25m。为了便于探矿和回采落矿，分段之间再掘进凿岩分段巷道，形成低分段落矿，高分段出矿。矿体沿走向划分为盘区，盘区长一般为 60~150m，盘区内形成完整的人行通风系统，每隔 50~60m 划分一个矿块。在每个矿块中布置一个贯通上下阶段沿脉巷道的天井，由此掘进分段巷道。电耙道沿底盘脉内布置，漏斗间距 5.5m，为单侧堑沟漏斗。回采前，选择矿体厚大部位开切割槽，切割槽的形状多采用"T"字形，可以保证切割质量。使用 YGZ-90 型凿岩机，用垂直扇形中深孔落矿。采用人工组合炮棍，用 BQ-100 型装药器装粉状铵油炸药。采用挤压爆破，以减少大块率，电耙出矿。

1.2.2 低分段连续回采分段矿房法

杨家杖子矿体由矽卡岩型和角页岩型辉钼矿构成,节理发育,部分地段不够稳固,$f=10$。矿体厚度 $8\sim10m$,倾角 $30°\sim35°$,上盘为矽卡岩及部分结晶灰岩,中等稳固,$f=12\sim14$。下盘为黑色页岩,节理发育,破碎,不稳固,$f=5\sim8$。矿山采用低分段连续回采分段矿房法开采。

阶段高度为 $35m$,分段高度为 $12m$。分段中留临时顶柱,一般斜长为 $5m$ 左右。在分段凿岩巷道中钻凿垂直扇形中深孔或深孔,侧向挤压爆破,或采用前倾扇形中深孔或深孔,侧向自由爆破。为了减少矿石损失和有利于放矿,施工设计要求矿石放至电耙道后,用电耙运到溜井放出。为了回采顶柱,每隔一定距离将电耙道刷帮扩大成凿岩硐室,从硐室中向顶柱打深孔,借助爆力将矿石抛至堑沟中放出。顶柱的落矿步距为 $20m$,控顶距为 $30\sim50m$。

1.2.3 爆力运矿高分段矿房法

青城子铅锌矿棒子沟坑口 289 矿脉,赋存于混合变质粒岩与角闪片岩之间的压扭性破碎带中,呈脉状、似层状产出。矿石主要由方铅矿和闪锌矿组成,$f=8\sim10$。下盘为黏土质沉积变质的混合质变粒岩,坚硬,$f=12\sim14$,但局部地段三角节理比较发育,与矿脉接触处有一层 $0.5\sim1.7m$ 厚的矽线石英云母片岩,节理发育,不稳固,$f=5\sim6$。矿体的直接顶板为 $2\sim10m$ 厚的石墨化白云石大理岩,$f=6\sim8$,不稳固,易片落或冒落。老顶为角闪片岩,细粒晶结构,片状构造,绢云母化和硅酸盐化,较坚硬,$f=10\sim12$,稳固性较好。矿体走向长 $1500m$,沿倾斜延深 $240m$;矿体倾角 $25°\sim55°$,平均 $40°$;矿体厚度 $1.5\sim18m$,其中 $4\sim8m$ 厚的中厚矿体占矿脉储量的 46%。矿山主要采用爆力运矿高分段矿房法开采。

阶段高度为 $30m$,分段高度为 $15m$。沿走向将分段划分为长 $32m$ 的回采单元,在其中布置 $2\sim3$ 个凿岩天井。分段电耙道布置在底盘脉外,各分段有溜井及人行井与阶段运输巷道连通,端部有通风井与上阶段回风道相通。采用堑沟底部结构,漏斗间距 $5\sim6m$,漏斗高

4m。切巷应靠下盘布置，以浅孔形成一个4m宽的小立槽，然后布置垂直扇形中深孔，沿走向布置堑沟。自凿岩天井打垂直矿体的扇形中深孔崩矿，借助爆破的抛掷力，将矿石沿矿体底板抛掷到底部堑沟漏斗中，下盘电耙道出矿。

1.2.4　喷锚网支护无底柱分段崩落法

东乡铜矿是热液交替充填型铜、硫、铁、钨多金属矿床，呈似层状产出，倾角为30°~50°，厚度为5~10m，含矿岩石主要是砂岩，矿石不稳固，$f=3\sim6$。顶板为石英砂岩，稳固性差，$f=3\sim6$，底板为粉砂岩，岩性松散，稳固性差，$f=3\sim6$。矿山采用喷锚网支护无底柱分段崩落法开采。

采场沿走向布置，长为50m，宽为矿体厚度，高30m，分段高度和进路间距均为6~8m，一般取7m。底盘分段沿脉巷道布置在底盘围岩里，从此沿脉巷道每隔7m布置分段穿脉回采进路，直接到矿体顶板矿岩接触面上，均用锚杆、钢筋网和喷射混凝土联合支护。用YG-40型凿岩机钻凿上向扇形中深孔落矿，采场用T2G装运机出矿。

1.2.5　预切顶中深孔房柱法

良山铁矿和牟定铜矿采用预切顶中深孔房柱法，采用脉内采准，浅孔超前切顶，扇形中深孔落矿，锚杆护顶，抛绳枪挂滑轮，采场电耙出矿。采场结构形式是矿块沿走向布置，并划分为盘区开采。盘区布置2~3组矿房和矿柱。盘区长60~100m，阶段斜长40~60m，阶段高度一般为15~30m。矿房宽8~20m，矿房间柱宽3~8m，顶底柱高各3~6m。回采从切割上山开始，先用浅孔在矿体上部进行切顶，切顶高度为2~3m。上部切顶可全面拉开、一次形成，也可超前下部回采、分段形成。切顶揭露后的顶板用楔缝式锚杆支护，锚杆网度(1~1.5)m×(1~2)m，锚杆长度1.6~2m。凿岩设备主要有YGZ-90、YGZ-80钻机。爆破采用2号岩石炸药，人工装填，部分矿山采用装药器装药，一般采用排间微差爆破，崩落矿石由电耙运搬。采用预切顶的方法，预先锚固顶板，安全性较好，同时，通过预切顶，便于适应矿体顶板形态的变化，减小采矿贫化损失；采用中深孔凿岩爆破，采场生产能力大，采矿工效高。其缺点是，在矿石品位变化较大的情况下，不便进行分采。

1.2.6 有底柱浅孔留矿法

哈图金矿 L27 脉在 934 中段，走向控制长 424m，平均厚 3.05m，最厚处可达 11m，平均品位 3.63g/t。矿山采用有底柱浅孔留矿法开采。

中段高度为 40m，采场沿走向布置，长为 40m。采场宽度等于矿体厚度，两端设 6m 间柱，底柱 5m，顶柱 4m。设计中段运输巷道在矿体下盘沿脉掘进，然后在中段运输巷道内向上掘进脉内切割天井，并与上中段平巷或地表贯通，天井内设人行梯，沿天井垂直方向每隔 5m 向两侧掘进联络道，采场两端联络道在高程上错开布置，随着回采工作面的逐步提高，各联络道与两边矿房依次贯通。在沿脉运输巷道中，每隔 5m 靠近矿体下盘掘进漏斗颈 1.8m×1.8m，至拉底平巷，相邻漏斗辟漏形成拉底巷道，作为备采工作面，拉底巷道高度为 2.5m。矿房回采自下而上分层进行，浅孔凿岩，打水平或上向孔，自拉底平巷开始，回采宽度为矿体厚度。

该采矿工艺简单，便于管理，采准工作量小，回采成本低，适应矿体边界的变化，损失贫化小。

1.2.7 分段矿房法

法国苏蒙特铁矿赋存于稳固的页岩中，产状规则，厚度 3~6m，倾角 30°~50°。矿石属鲕状，主要成分是碳酸铁，焙烧后含铁 45%~46%。矿山采用分段矿房法开采。

阶段高度 75m，从地表至各中段及分段均掘进有坡度 20% 的斜坡道，采区长 250m，分段垂直距离 10~12m，分段平巷宽 6m，用凿岩台车和铲运机掘进，矿房宽 9m，矿柱宽 6m。回采矿房时，先沿底盘拉底，第一组炮孔深 5m，用液压台车钻凿，往上的几组炮孔用手持式凿岩机钻凿。全部拉底后，自上部分段平巷用深孔凿岩台车向下钻凿平行的斜炮孔，将顶部矿石爆下，爆下矿石在下部分段平巷运出。

1.2.8 上向进路充填法

瑞典 Kristinberg 矿体赋存于绢云母或绿泥石片岩、石英岩内。矿体的上盘为滑石绿泥石片岩。矿体由两条平行的矿带组成，走向长约130m，倾角45°~70°，一般为45°。矿山采用上向进路充填法开采。

矿体沿走向布置，长150m，当矿体厚度小于5~6m，布置一条进路；当大于5~6m时，可布置两条或多条进路。进路宽3~6m，高4~5m。若为多条进路时，采用间隔回采，用辅助斜坡道采准。从斜坡道至采场掘分层联络道，在斜坡道的一端，布置脉外溜矿井，直径2.0~2.5m。用双机液压凿岩台车打眼，眼深2.7~3m，用装药车装药。用铲运机将矿石运至溜矿井，放到下阶段运输水平。出矿后，在作业面安装长为2.3m的锚杆。充填前在进路口架设滤水挡墙，进路内敷设直径为90~100mm塑料充填管。充填料充入进路内，直至接顶为止。水泥与砂子比例为1:10。养护一周后，在相邻进路进行回采。若为双进路，下盘进路一次进行水砂充填，砂浆浓度为60%。

1.2.9 点柱水砂充填法

印度摩沙巴尼铜矿厚度为6~10m，个别达20m，矿体倾角45°左右，顶板开采时需要支护。矿山采用留点柱的水砂充填采矿法开采。

沿走向每隔13m开凿矿石溜道，溜道位于矿体中或矿体下盘，倾角为50°。在采场中央沿下盘接触带开凿一辅助天井，并在采场两端紧靠上盘接触带开凿通风天井。运输水平上保留8~10m厚的矿柱，在底柱面上拉底并开始回采，采用浅孔凿岩，分两次爆破采场的顶部矿石，最大采高达到4.7m。当矿石出完后，用分级尾砂充填，充填高度为2.2m，留下2.5m的净空以便采矿作业。顶部局部破碎处采用锚杆支护，采场内留4m×4m的方柱，间距为10m×20m，形成永久支护。

1.2.10 阶段分条充填法

联邦德国德赖斯拉矿，矿体倾角约 45°，平均厚度 5~6m，为重晶石矿体。矿山采用阶段垂直分条胶结充填法开采。

阶段高度为 48.5m，分段高度为 25m。由于阶段充填巷道需保留作回风用，故留底柱，底柱高 3.5m。采矿和充填沿走向推进，不留间柱。在分段巷道用采矿钻车钻上向扇形炮孔进行分段落矿。落矿后用铲运机在分段巷道端部出矿。落矿和出矿分别在不同分段水平同时进行。当各分段工作面沿走向推进一宽度 5~6m 分条后，便形成了一个分条空间。用铲运机装运胶结充填料，从阶段充填巷道进行充填，胶结充填料的骨料为开拓采准的废石和选厂的尾砂。砂石由地面经砂石井到达井下，水泥浆在地面搅拌后经管道输送到井下与砂石混合。铲运机自井下混合站装载混合好的胶结充填料运至采空的分条上部卸载、充填。胶结充填体在短期内就能凝固得很好，可经受落矿时爆破矿石冲击，在出矿时也不会遭受破坏。

1.3 卸压开采研究现状

采场或巷道的稳定性除受自身岩体强度影响外，还受到围岩所承受的采场地压大小的影响。采场地压是原岩作用在采场顶板、矿柱、围岩上的压力与围岩因位移或冒落岩块作用在支护结构上压力的总称，是矿床地下开采中面临的一个复杂的问题。岩体开挖后，原岩应力的平衡状态被破坏，岩体中的应力重新分布，形成次生应力场。次生应力场在二次分布过程中会在开挖范围周围的一定区域内形成应力集中区域和应力降低区域，从而使巷道或采场周围的岩体发生变形、移动和破坏，影响到巷道或采场的稳定性，使采矿活动变得更为复杂和困难。因此，了解地压活动规律并控制地压活动是确保矿山持续安全生产的根本保证。

为了保证矿床地下开采中的正常回采和安全生产，必须采取有效的措施来减少或避免地压危害，或者积极利用地压进行开采[7~9]。虽然影响采场地压活动的因素很多，但概括起来可分为两类，即自然因素和人为因素[10]。

无底柱分段崩落法回采中的主要地压显现活动是巷道的失稳破坏，而引起巷道失稳破坏的根本原因是围岩的应力升高和强度下降。对于无底柱分段崩落法来说，保证巷道稳定性是回采正常进行的基础。因此，研究无底柱分段崩落法卸压开采技术必须了解地下开采引起的岩体应力场变化规律和分布特征，并根据开采引起的岩体应力场变化规律和分布特征来调整回采顺序，合理安排采矿工艺，从而实现卸压开采的目的。

1.3.1　卸压原理与方法

卸压开采是运用应力转移原理，将回采区的高应力通过一定的卸压措施转移到四周，使区内应力降低，改善矿岩体的应力分布状态，控制由于多次采动影响而造成的应力增高带相互重叠的程度，以实现顺利开采。卸压开采技术主要分为垂直卸压和水平卸压两种工艺。垂直卸压是将回采区上部覆岩压力部分或全部转移到四周，压力拱下的开采工程只承受矿岩重量，应力值显著降低而变得易于开采。水平卸压是将作用于开采矿体上的水平应力隔绝，形成水平应力降低区，以减小水平应力对采矿工程和人员的危害[11]。目前国内外常用的卸压方法主要有：（1）在巷道围岩中开槽、切缝、钻孔或松动放炮；（2）在受保护巷道附近开掘专用的卸压巷道；（3）从开采上进行卸压或将巷道布置在应力降低区内。对于这三种卸压方式，可以分别简单称其为周边卸压、巷道卸压和开采卸压[12]。

1.3.1.1　周边卸压

周边卸压法通过从被保护巷道和硐室内向其附近围岩实施卸压措施，如切缝、钻孔或松动爆破等方法，来局部弱化围岩并调整围岩内的应力分布状态，使巷道处于较低的应力环境中，提高其稳定性。弱化围岩就是在围岩中人为形成局部的"自由变形空间"，允许围岩向此空间产生一定的变形，其部位根据巷道条件可以在底板、两帮或其他部位。周边卸压法主要用于解决难支护巷道维护问题，最适于处在高应力状态下的巷道维护。文献［13］通过有限元计算表明，局部弱化围岩后，巷道应力集中区转向围岩深部，巷道稳定性大大提高，而弱化带的布置方式及参数必须根据巷道围岩条件及所处的应力环境分析确定。

松动爆破卸压的实质是在围岩钻孔底部集中装药爆破，使巷道和硐室周边附近的围岩与深部岩体脱离，原来处于高应力状态的岩层卸载，将应力转移到围岩深部[14]。按照爆破位置的不同，该法可分为底板爆破、侧帮爆破及全断面爆破等形式。卸压爆破[15~20]作为一种卸压手段，能够释放积聚在巷道及其周围煤岩体中的弹性变形能，起到控制巷道的进一步变形、减小表面巷道围岩变形量的作用。文献[21]采用有限元对淮北矿务局芦岭煤矿爆破卸压进行了计算，得到了软岩巷道周边围岩应力高峰点向巷道围岩深部转移的规律，达到了减轻巷道支护压力、维护巷道、延长巷道支护服务年限的目的，为软岩巷道支护设计及巷道维护提供了理论依据和应用实例。

切缝卸压和钻孔卸压是指在高应力巷道周围开凿一定的切缝或钻孔，利用切缝或钻孔来释放岩体中积聚的应力，并改变巷道围岩中的应力分布状态，从而消除或减缓地压造成的危害[22~24]。文献[25]通过复变函数法给出了椭圆形卸压孔的围岩应力分布的理论公式，并通过实例对卸压孔的效果进行了分析，结果表明椭圆卸压孔对侧向压力的卸压效果不太明显而对垂直压力的卸压效果很好。文献[26]采用数值的方法在巷道底板部位布置了卸压变形缝，数值分析结果表明用于卸压的变形缝已经闭拢，几乎无底鼓发生，说明所设的变形缝抵消了巷道底部的变形能，防止了底鼓的发生。

周边卸压方式的卸压过程是以巷道周边岩体的完整结构被破坏为代价的。

1.3.1.2 巷道卸压

巷道卸压法[27~33]是在被保护巷道和硐室附近开掘卸压巷（槽），使被保护巷道和硐室处于应力降低区，从而提高围岩的稳定性，减小围岩变形；可分为顶部卸压法和侧帮卸压法。巷道卸压的实质是在被保护的巷道上部、一侧或两侧开掘专门用于卸压的巷道或硐室，来转移采动影响，并促使采动引起的应力场再次重新分布，最终使被保护巷道处于开掘卸压巷（槽）而形成的应力降低区内[34]，同时也可以使岩体中积聚的弹性能得到释放。

在被保护巷道顶部布置卸压巷（槽）时，卸压巷（槽）的宽度及其与被保护巷道的垂直距是影响卸压效果的主要参数。一般情况下，卸压巷（槽）与被保护巷道间的垂直距不应小于卸压巷（槽）底板破坏深度与至少2m的安全岩柱之和。依据卸压巷（槽）与被保护巷道间的垂直距离和支承压力传递影响角，卸压巷（槽）的宽度应确保被保护巷道在其形成的应力降低区内。卸压巷（槽）控制围岩变形的效果取决于它的几何尺寸及其与被保护巷道和硐室的位置关系，顶部卸压槽对顶底板移近量的控制效果比较明显，而侧帮卸压巷则有利于减少两帮位移[35]。

可见，不管是采用卸压巷还是卸压槽进行的巷道卸压，都是通过实施卸压巷（槽）工程在所要维护的巷道顶部或周围形成空巷，释放被保护巷道周围岩体中的应力，并使巷道周围岩体中的应力场重新分布，而使被保护巷道处于应力降低区。此外，巷道卸压法也是利用空区无法传递应力这一特点，阻断被保护巷道周围的垂直应力或水平应力的传递，从而达到卸压的目的。

1.3.1.3 开采卸压

开采卸压是指通过矿体的回采来改变岩体中的应力场分布状态，从而使被保护巷道或采场处于应力降低区域而达到卸压的目的；或是通过开采引起的岩体应力场分布特征，将回采工程布置在应力降低区域而实现卸压开采[11]。如西石门铁矿南区应用无底柱崩落卸载法取代了传统的有底柱分段崩落法，解决了采准巷道屡遭地压破坏的技术难题[36~38]。小官庄铁矿采用无底柱分段崩落法正常回采卸压和开掘专门卸压工程进行卸压两种卸压方法，实现了小官庄铁矿高应力难采矿块的顺利回采[39]。小官庄铁矿在应用有底柱崩落法开采东区难采矿体时，进一步研究采用了卸压开采新工艺，即先崩矿后掘支电耙巷道，实施卸压开采新工艺，减轻了大爆破动载荷的不良作用，提高了底柱和电耙巷道的稳定性。在开采高应力区域软破矿体时，为了缩短巷道的服务年限，实行了落矿卸压和快退卸压的方法[40]。

可见，利用无底柱分段崩落法进行卸压开采可有效解决巷道破坏问题，提高巷道工程的稳定性，降低支护费用，这已经成为目前广大采矿工作者的共识。对于厚大矿体或垂直走向布置的矿体来说，实施卸压开采的关键是卸压首采分段的正常回采，这将直接关系到卸压的效果。因此，对于卸压分段来说，基本采用的是强掘、强支和强采的卸压开采方式。不同回采进路的回采顺序也会影响采场的应力分布状态[41]，采取合理的回采顺序对于整个崩落法采场的稳定性来说也是极其重要的。

在上述三种卸压方式中，周边卸压为了达到卸压的目的需要在被保护巷道周围实施切缝、钻孔或松动爆破等工程，不管是切缝、钻孔还是松动爆破，都要破坏巷道周围的岩体。对于只是为了保护巷道稳定性的工程来说，这是最简便的卸压方式。但是对于既要保护巷道稳定性，还要在巷道周围岩体中继续实施后续工程的金属矿床地下开采来说，巷道周围岩体的破坏，无疑会给后续施工带来极大的难度。比如崩落法开采方式，需要在回采巷道中继续施工中深孔并装药爆破，但周边卸压法对岩体的破坏将会使中深孔施工难以进行。

巷道卸压法需要在被保护巷道顶部或周围开掘卸压巷道或卸压槽，这种方法同样对于只是以保护巷道为最终目的的工程来说是可行的。金属矿床的回采受产状的影响，往往是从上往下或从下往上一层层回采，如果在采场和回采巷道顶部或周围开掘了额外的巷道，就将会破坏采场和回采巷道周围岩体或矿体的连续性，不利于后续的落矿作业。此外，不管是周边卸压还是巷道卸压，为了卸压而专门实施的卸压工程还将增大开采的成本。

可见，在金属矿床的开采中，通过开采卸压来达到卸压的目的还是比较经济可行的，因为开采卸压不需要额外的卸压工程，只是在回采过程中通过实施一定的卸压开采方案来实现卸压的目的，这将会减少因开掘卸压工程而增加的开采成本。目前在金属矿床的开采中，能够实现开采卸压的主要是无底柱分段崩落法。

1.3.2 无底柱分段崩落法卸压开采研究和应用现状

1.3.2.1 无底柱分段崩落法概述

无底柱分段崩落采矿法于 1965 年由鞍山冶金设计研究院从瑞典引入我国，从 20 世纪 70 年代中期开始，无底柱分段崩落法逐渐向高分段、大间距方向发展。由于采用了大型无轨采矿设备，矿块生产能力大幅度提高，同时大大降低了无底柱分段崩落采矿法的采矿成本，目前在国内冶金、有色、化工及非金属矿山得到全面推广应用。随着采矿技术的不断进步和配套技术措施的不断完善，无底柱分段崩落采矿法成功地解决了地质条件复杂、矿岩松软破碎、采场地压较大矿体的回采技术问题[42]，使无底柱分段崩落法的适用范围得以扩大，丰富了无底柱分段崩落法的技术内容，也极大地推动了国内崩落采矿法的技术水平向前发展[43]。

1.3.2.2　无底柱分段崩落法卸压开采研究现状

采用无底柱分段崩落法进行卸压开采的最具代表性的是西石门铁矿南区和小官庄铁矿。

A　西石门铁矿南区卸压开采方式研究[36~38]

西石门铁矿南区为接触交代矽卡岩型磁铁矿床，顶板为结晶灰岩与大理岩，节理裂隙较发育，中等稳固到不稳固；矿石以块状和致密浸染状为主，中等稳固；底板为矽卡岩与蚀变闪长岩，不稳固到中等稳固。矿体走向长 1500m，宽 500~1000m，厚度 5~30m，矿体倾角 5°~30°，矿体埋深 150~300m。矿山原设计采矿方法为有底柱崩落采矿法，由于矿体直接底板岩性不稳固，且回采耙道往往处在空区边部，顶板应力集中传递的地压大，致使底部结构凿岩切割工程损坏严重，甚至大量工程无法恢复，进而造成大量矿石丢弃，矿石损失率一度高达 37.77% 以上。为解决这一突出问题，西石门铁矿曾先后与有关部门合作，分别进行了"垂直平行密集束状孔有底柱崩落法"攻关试验和"束状孔有底柱崩落法"试验和推广等，虽然也取得了一些成效，但仍未从根本上解决问题。随着矿山生产向深部发展，且由于多年回采，矿山已形成大量的采空区，使仍然采用有底柱崩落采矿法的采场大多处于高压力状态下，回采难度更大。为此，西石门铁矿与东北大学共同进行了崩落卸压采矿法试验研究。

科研组通过对 120 中段调查发现，原有底柱崩落法布置在矽卡岩层及其附近的底部结构，通常开掘后压力很快显现，堑沟很少存留到落矿阶段，电耙道虽然采用光面爆破和锚喷网联合支护、二次锚杆压钢筋条补强支护等较高等级的掘支措施，但仍不能阻止收缩与片落，常常在出矿中期就破坏了。现场实践表明，由于地压大和矽卡岩围岩承载能力弱，用加强支护的方法解决不了有底柱崩落法大面积开采中采准工程的稳固性问题。根据巷道破坏过程，结合西石门铁矿开采条件，分析得出：为避免地压破坏，一要减小对矽卡岩层的切割程度；二要减小开采区段内矽卡岩巷道所承受的采动压力；三要缩短矽卡岩层内采准工程的服务时间。经过多方案比较，科研组提出了无底柱分段崩落法开采方案，即采用"诱导落顶、设置回收进路"的采场结构。首先是掘进和回采第一层进路，将顶板压力用采空区隔断，卸掉矽卡岩层的采动压力后，再在低压力状态下开掘矽卡岩巷道工程。其次是将回采顺序由上盘向下盘改为由下盘向上盘退采，使主要回采工程处于上盘闪长岩体中，易于工程维护。研究称这一方案为无底柱"崩落卸载"开采方案。

B 小官庄铁矿卸压开采方式研究[39,44]

小官庄铁矿为山东省莱芜市断陷盆地弧形背斜北部倾末端呈半环形分布的 3 个铁矿床之一，系燕山期闪长岩侵入奥陶系石灰岩以及部分石炭系地层形成的高温热液接触交代矽卡岩型磁铁矿床。矿体埋藏深，倾角缓，矿岩松软破碎，地压显现明显。小官庄铁矿是采用无底柱分段崩落法开采的国内大型地下矿山，也是地压显现剧烈的难采矿山之一。多年来围绕地压控制问题，进行了大量的研究工作，并采用了多项控压手段和措施，虽然剧烈的地压显现得到一定程度的控制，采场生产安全条件明显改善，但是开采中仍然无法摆脱采场地压的影响，尤其是高应力采场中的采矿工程变形破坏十分严重，正常回采时常因巷道和溜井的垮冒破坏而中断。虽然矿山通过强化生产组织、确定合理回采顺序、采取高强度的支护形式等手段，大大降低了巷道垮冒率，但是，巷道的高返修率、高支护成本仍然是制约生产发展的瓶颈。因此，了解地压规律，有效控制地压并合理利用地压是解决这一问题的关键。

研究认为小官庄铁矿采场地压活动规律有以下特点：

（1）矿体埋藏深使巷道围岩处于高重力场中，而开采破坏了原始应力场，又造成应力的叠加与集中，加之矿岩松软破碎，导致地压显现剧烈、巷道垮冒破坏严重。

（2）采场地压与开采工艺关系密切。地压活动不仅与地质条件、开采空间有关，而且与开采工艺有关，不同采矿顺序造成的最大集中应力相差很大。

（3）地压活动呈现明显的分区分带特征。采场施工可形成比原岩应力高出几倍的应力升高区和低于原岩应力的应力降低区。在应力升高区，地压活动剧烈，巷道收敛变形量大，变形速率高，巷道破坏严重，反之则地压活动剧烈程度和巷道破坏率明显降低。

（4）地压显现具有明显的动态特征。采场地压随开采过程、回采顺序、巷道的存在时间、矿岩性质、采场周围的环境而不断发生变化，表现出明显的时间效应和动态性。

针对小官庄铁矿采场地压控制现状，提出了通过卸压开采来控制地压的方法。而进行卸压方法选择的一个基本原则是要与采用的采矿方法相适应，不能破坏其开采顺序，且工艺简单、工程量小、可靠性大。为此，小官庄铁矿采用了以下两种卸压方法：

（1）利用正常回采卸压。按无底柱分段崩落法的回采方式，首层分段回采过后，位于其下的采场就实现了卸压。这对急倾斜矿体来讲，绝大多数采场能实现卸压开采，对于缓倾斜矿体也可实现部分卸压。但随开采分段的下降，卸压范围也将逐步扩大。该方法的关键是首层采场能否实现正常回采。

为了实现首分层的正常回采，研究采用以下措施方法：

1）强化支护。所掘巷道全部采用及时且强度高的支护，如长短锚杆结合的锚喷网结构。

2）实行三强作业。将回采单元化为一条或两条进路，并进行多工序密集作业，尽量缩短巷道存在时间。

3）无贫化放矿。每步距的矿岩爆破后，只放出纯矿石，仅使岩体产生爆破松动空间即可。

（2）利用专门卸压工程卸压。利用专门卸压工程卸压时不考虑回采出矿问题，只需在首采分段内掘进部分巷道工程，一些用作凿岩硐室，另一些则作为爆破补偿空间。作为爆破空间的巷道在掘进中，只是为施工安全需要才采用少量支护，一旦掘进到位，则可允许巷道围岩自然垮冒或强制其垮冒，以此为爆破提供更大的补偿空间。而爆破凿岩巷道，由于数量较少，支护能够及时实施，另外存在时间也较短，完全可在巷道有限的稳定期内完成凿岩爆破整个卸压过程。其主要的卸压工程包括卸压巷道和卸压炮孔两项。

卸压巷道间距一般为 10~14m，巷道长度一般不超过 30m，断面 3m×3m，矿岩软破区段可将断面缩至 2.5m×2.5m。巷道支护一般采用素喷，局部地段采用锚喷。巷道掘进到位后，即可采用浅眼爆破法进行扩帮挑顶，将巷道断面扩至 5m×5m。在卸压巷道的设计中要考虑矿体的赋存条件和下分段的回采巷道的协调关系，尽量不影响下部回采巷道和炮孔的布置。较缓的矿体，巷道一般要超出矿体边界线，最好掘至下分段矿体边界位置。

卸压炮孔是指在 2 条进路间柱中利用深孔或中深孔钻机钻凿平行深孔，然后利用与其平行的巷道作为补偿空间进行爆破，以消除间柱形成卸压隔绝层。卸压炮孔的布置形式与参数根据采场卸压巷道的布置和矿岩特性来确定，炮孔深度 15~20m，一般不超过 25m。

小官庄铁矿在卸压方式选择中为了达到较好的卸压效果，没有采用单一的卸压方式，而是取长补短，将多种卸压方式相结合，即通过将开采卸压和周边卸压相结合来达到卸压的目的。

从上述两个应用无底柱分段崩落法进行卸压开采的矿山来看，其针对的主要是厚矿体，而对于中厚倾斜矿体如何进行卸压开采则需要进行系统的研究。

1.3.2.3 大结构参数对应力控制的影响

无底柱分段崩落法主要有三个结构参数，即分段高度、进路间距和崩矿步距。长期以来，受采矿设备的限制，其采场结构参数都相对较小，分段高度一般为 10~12m，进路间距 8~10m，扇形孔排距 1.1~1.8m，每次爆破 1~2 排。目前随着凿岩采矿设备的技术改进，以及大型井下无轨铲运设备的发展，无底柱分段崩落法逐渐向大结构参数方向发展[45~48]。增大结构参数对于控制地压以及减少巷道的破坏率并进行卸压开采也是有利的。文献 [49] 根据井下仪器监测所得的资料以及进行的计算机数值模拟，比较了梅山铁矿15m×15m 与 15m×20m 两种不同结构参数下间柱、巷道的应力和应变，得出了无底柱分段崩落法采用不同结构参数对地压活动规律及其分布特征的影响，即采用大结构参数可以明显降低应力的集中程度，并提高巷道和采场的安全性和稳定性。

小官庄铁矿采矿结构参数一直局限在 10m × 10m 小结构范围内，导致采准工程量大，地压显现明显。近几年，小官庄铁矿在增大结构参数方面进行了一些有益的探索，结构参数经历了 10m × 10m→12.5m × 10m→12.5m × 12.5m→15m × 15m 的变革。由于结构参数的加大而减少了应力集中程度，降低了应力对矿体的削弱破坏，进路间柱的抗剪、抗压能力也大为提高[44]。

虽然无底柱分段崩落法采用大结构参数可以降低采准工程量，加大一次崩矿量，并增大进路的稳定性，但是其采场结构参数选取也会受到各种因素影响，更主要的则是受限于矿体的赋存条件和回采条件以及矿岩的稳固性。在不适合采用大采场结构参数的矿山，盲目追求所谓的大结构参数，不但不会给矿山带来效益，反而可能还会造成更大的回采难度。

1.3.2.4　无底柱分段崩落法应用范围的扩大

传统上，依据回采率指标，将无底柱分段崩落法的使用范围确定为矿体厚度应大于30m，但是随着低贫损开采技术的应用以及采矿工艺、采矿设备的技术改进，无底柱分段崩落法得到很大发展，其应用范围也不断扩大。比较有代表性的应用矿山有玉石洼铁矿、西石门铁矿、夏甸金矿、小官庄铁矿等。

玉石洼铁矿上厚下薄，220m 以下矿体厚度为 10 ~ 25m，矿体和顶板不稳固，原采用有底柱崩落法，存在采准工程量大、施工困难和矿石损失贫化大等问题。通过与东北大学联合科技攻关，根据崩落矿岩移动规律研究新成果，提出了设回收进路的无底柱分段崩落法，采用低贫化放矿方式，取得了较好的实施效果[50,51]，从而使无底柱分段崩落法的可采厚度有了极大的降低。

西石门铁矿矿体平均厚度 15.3m，依据岩体冒落规律和散体流动规律，采用了自落顶、设回收进路的无底柱分段崩落法新方案，解决了顶板处理与底板残留矿量回收等问题，从而将无底柱分段崩落法用于开采顶板与矿体稳固、底板不稳固的缓倾斜（5° ~ 30°）中厚与厚矿体，并取得了良好的技术经济效果[52,53]。

夏甸金矿Ⅶ号矿体赋存于招平断裂带中段的下盘次级构造带中，位于蚀变断裂带主断裂面以下，主要产于断裂带的黄铁绢英岩化碎裂岩中。矿体走向长 180～200m，水平厚度 0.2～20m，倾角一般为 45°～55°。原设计采用上向水平分层干式充填采矿方法，随着采深增加，地压逐渐增大，进入三期开采后（-270m 以下），厚度超过 10m 的矿体，经常发生采场冒落事故，作业安全条件差，生产效率低。为此，夏甸金矿从 2003 年 3 月与东北大学合作，对 -350m 水平以下厚度大于 8m 的矿体，改为无底柱分段崩落法开采，取得了良好的效果，从而将无底柱分段崩落法应用到了开采贵金属的岩金矿山[54]。

小官庄铁矿矿石松软破碎、地压显现突出，采用以控制地压为中心的综合措施之后，扭转了局面，使无底柱分段崩落法从濒临彻底否定的边缘重新成为该矿主要使用的采矿方法[55]。

虽然无底柱分段崩落法使用范围有所扩大，但是尚缺乏在中厚矿体中应用无底柱分段崩落法卸压开采的研究，而随着矿体的延伸以及分支复合现象的增多，研究中厚倾斜矿体无底柱分段崩落法卸压开采技术是十分必要的。

参 考 文 献

[1] 孙豁然，等. 我国金属矿采矿技术回顾与展望[J]. 金属矿山，2003(10)：6～9.

[2] 周爱民. 建国以来我国金属矿采矿技术的进展与未来展望[J]. 矿业研究与开发，1999，19(4)：1～4.

[3] 周爱民. 我国金属矿采矿技术主要成就与评价[J]. 采矿技术，2001，1(2)：1～5.

[4] 周国宝. 中国有色金属矿产资源现状和矿业可持续发展的建议[J]. 中国通报，2005(35)：2～5.

[5] 曹清华，曹献珍. 如何提高矿产资源保障能力[J]. 资源经济，2005(12)：11～12.

[6] 刘斌，艾光华. 关于矿产资源综合利用问题的研究[J]. 矿业快报，2005(11)：1～3.

[7] 周骥. 利用地压能采矿[J]. 江西有色金属，1994，8(2)：1～5.

[8] 周宗红，任凤玉，等. 后和睦山铁矿倾斜破碎矿体高效开采方案研究[J]. 中国矿业，2006，15(3)：47～50.

[9] 周宗红，任凤玉，等. 诱导冒落技术在空区处理中的应用[J]. 金属矿山，2005(12)：

73~74.

[10] 雷远坤. 无底柱高应力区地压活动分析及控制探讨[J]. 金属矿山, 2002(12): 26~30.

[11] 解世俊. 卸压开采[J]. 矿山技术, 1992(2): 19~21.

[12] 侯朝炯. 采准巷道矿压与控制的技术发展途径[J]. 矿山压力与顶板管理, 1995, 3 (4): 105~108.

[13] 鞠文君. 应力控制法维护巷道的数值模拟研究[J]. 煤炭学报, 1994(12): 573~579.

[14] 赵世晨, 等. 巷帮松裂爆破卸压法维护巷道[J]. 煤炭科学技术, 1996, 24(2): 43~45.

[15] 李金奎, 崔世海. 高应力软岩巷道基角深孔爆破卸压的试验研究[J]. 铁道建筑, 2005(增): 79~80.

[16] 谢飞鸿. 爆破卸压法改进高应力软岩巷道支护条件[J]. 兰州铁道学院学报（自然科学版）, 2001, 20(4): 70~73.

[17] 杨永良, 等. 控制巷道变形的卸压爆破法[J]. 矿山压力与顶板管理, 2005(1): 33~35.

[18] 潘天林. 巷道围岩松动爆破卸压的试验研究[J]. 东北煤炭技术, 1996(4): 22~25.

[19] 林柏泉. 深孔控制卸压爆破及其防突作用机理的实验研究[J]. 阜新矿业学院学报（自然科学版）, 1995, 14(3): 16~21.

[20] 卢旭, 等. 数值模拟在松动爆破卸压技术中的应用[J]. 煤炭科学技术, 2005, 33 (8): 21~23.

[21] 王永岩, 等. 软岩巷道爆破卸压方法的研究与实践[J]. 矿山压力与顶板管理, 2003 (1): 13~15.

[22] 康红普. 巷道围岩的侧下角卸压法[J]. 东北煤炭技术, 1994(1): 26~29.

[23] 刘红岗, 徐金海. 煤巷钻孔卸压机理的数值模拟与应用[J]. 煤炭科技, 2003(4): 37~38.

[24] 兰永伟, 等. 卸压钻孔数值模拟研究[J]. 辽宁工程技术大学学报, 2005, 24(增): 275~277.

[25] 孟进军, 陈俊国, 董正筑. 卸压孔围岩应力分布的复变函数解法[J]. 矿山压力与顶板管理, 2005(2): 63~65.

[26] 卢刚, 郑平. 地下资源开发中软岩巷道非线性三维仿真与虚拟卸压分析[J]. 浙江大学学报（农业与生命科学版）, 2002, 28(4): 392~396.

[27] 茅献彪, 等. "吕"字形巷道布置的卸压机理分析[J]. 力学与实践, 2000, 22(6): 39~41.

[28] 武忠, 等. 用巷道卸压法减小厚煤层下分层回采巷道压力[J]. 煤矿开采, 2003, 8 (2): 69~70.

[29] 何富连, 等. 采动软岩巷道卸压工程的设计与实践[J]. 矿山压力与顶板管理, 2002

(1)：40～42.

[30] 张小涛，窦林名．冲击矿压工作面卸压巷卸压法探讨[J]．煤炭科学技术，2005，33
(10)：72～74.

[31] 赵祉君，张同森．顶部卸压技术卸压参数确定及应用[J]．矿山压力与顶板管理，
2005(2)：66～67.

[32] 李亚生．巷道卸压法在下向分层回采巷道的应用[J]．同煤科技，1999(4)：29～31.

[33] 蔡成功．卸压槽防突措施模拟试验研究[J]．岩石力学与工程学报，2004，23(22)：
3790～3793.

[34] 钱鸣高，石平五．矿山压力与岩层控制[M]．徐州：中国矿业大学出版社，2001.

[35] 康红普．岩巷卸压法的研究与应用[J]．煤炭科学技术，1994(5)：14～16.

[36] 任凤玉，等．西石门铁矿南区崩落卸载采矿法试验研究[J]．中国矿业，2003，12
(1)：39～41.

[37] 李江，张程．西石门铁矿南区崩落卸压采矿法试验及应用效果[J]．化工矿物与加工，
2005(7)：28～30.

[38] 王喜兵，王海君．高应力区卸压开采方法研究[J]．矿业工程，2003，1 (4)：
18～21.

[39] 明世祥，等．小官庄铁矿采场地压控制方法的研究[J]．金属矿山，2005(1)：
9～11.

[40] 于言平，等．小官庄铁矿复杂矿体高效开采技术研究[J]．金属矿山，2004(2)：
4～7.

[41] 孟兆兰，彭济明．高应力区矿块的回采顺序[J]．矿山压力与顶板管理，2001(4)：
60～62.

[42] 任凤玉，等．玉石洼铁矿难采矿体采矿方法研究[J]．金属矿山，1994(7)：12～16.

[43] 郭金峰．我国地下矿山采矿方法的进展及发展趋势[J]．金属矿山，2000(2)：4～7.

[44] 赵增山．小官庄铁矿复杂矿体高效开采的工程实践[J]．金属矿山，2004(2)：
20～23.

[45] 连民杰，等．北洺河铁矿无底柱分段崩落法大结构参数确定[J]．金属矿山，2004
(2)：14～16.

[46] 董振民，等．大间距集中化无底柱采矿新工艺研究[J]．金属矿山，2004(3)：1～4.

[47] 曹祥海．加大采场结构参数推进科技进步[J]．矿业快报，2000(21)：1～3.

[48] 金闯，等．梅山铁矿大间距结构参数研究与应用[J]．金属矿山，2002(2)：7～9.

[49] 汪和平，王挺，王兴明．不同进路间距地压监测及模拟显现分析[J]．金属矿山，
2004(1)：18～19.

[50] 单守智，任凤玉．矿岩软破缓中厚倾斜矿体采矿方法[J]．东北大学学报（自然科学
版），1995(2)：6～9.

[51] 单守智，任凤玉，霍俊发．玉石洼铁矿提高生产能力的主要技术措施[J]．化工矿山
技术，1994，23(1)：19～21.

[52] 任凤玉，陶干强，王家宝. 西石门铁矿自落顶设回收进路的无底柱分段崩落法试验研究[J]. 采矿技术，2001，1（2）：38～41.

[53] 李清望，任凤玉. 西石门铁矿南区难采矿体的安全回采研究[J]. 中国矿业，2000，9（6）：26～28.

[54] 周宗红. 夏甸金矿中厚倾斜矿体低贫损分段崩落法研究[D]. 沈阳：东北大学，2006.

[55] 任天贵，宋卫东. 地下难采铁矿体采矿方法问题的思考[J]. 金属矿山，1994（12）：17～21.

2 金属矿地下开采地压控制方法

2.1 矿山地压研究的发展历程

地应力是存在于地层中的未受扰动的天然应力，也称原岩应力、岩体初始应力、绝对应力等。它是引起采矿、水利水电、土木建筑、铁道、公路、军事和其他各种地下或露天岩石开挖工程变形和破坏的根本作用力[1]，因此对其分布规律及控制措施的研究是实现岩石工程开挖设计和决策科学化的必要前提条件。地应力研究也是采矿设计和采矿过程中的重要问题之一，其核心是找出矿山地压分布规律，采取一切手段保持和提高围岩的强度，以确保开采系统的稳定性。如果从矿山地压及其控制的角度来看，其发展过程大致可以分为以下几个阶段：

（1）对矿山地压的早期认识阶段。对矿山地压早期的认识主要停留在生产实践中的经验总结。随着人类采矿活动的逐渐扩大，矿山开采中顶板崩塌、巷道垮冒或地压沉陷等事故频发，促使人们必须重视研究地压控制问题。作为世界上最早采矿的国家之一，我国明朝末年就有相关文献记载大量开采地压控制问题，例如采取立井开采技术、对井下巷道进行支护以及充填废弃巷道和空区等手段来维护巷道和采场。15 世纪末，一些欧洲国家发生由于地下采矿造成地表塌陷和地下水断流的事故。为防止地面沉陷而导致建筑物破坏，在地下采矿活动中出现保留矿柱或充填采空区的协定。以上说明这个时期人们已经了解到矿山地压的危害，并从采矿实践中掌握了地压控制的一些方法，但是没有提升到理论高度，仅仅是矿山开采实践经验的积累。

（2）建立矿山地压早期假说阶段。随着科学技术的不断发展，矿山地压开始从实践经验总结走向理论研究，采矿学者开始探讨地压的形成过程与作用机理，这个阶段一般认为在 19 世纪到 20 世纪初。

随着矿山开采实践的增多，一些采矿学者开始利用简单的力学原理阐述矿山地压现象，如利用压力拱假说解释巷道上方自然垮冒而形成自然平衡拱，利用岩石的普氏系数作为评价岩石的定量指标，并对巷道与支护结构作用机理有了初步的理论认识。尽管这些理论和假说都存在一定的局限性，人们的认识水平也停留在"狭义矿山地压"阶段，但是其对推动矿山地压研究发展有着重要意义，标志着人们从生产实践的经验总结开始走向地压形成过程和作用机理的理论研究。

（3）以连续介质力学为理论基础的研究阶段。20 世纪 30 ~ 50 年代是这个阶段的代表时期。由于开采深度和开采规模的加大，采矿学者开始感到仅仅研究巷道周围局部地区岩石状况变化的理论和方法，不能完全反映开掘巷道所引起的周围岩体中应力变化的真实过程，于是出现把巷道周围直到地表的整个岩体当做连续的、各向同性的弹性体进行研究和建立假说。这个时期主要用弹性理论研究矿山岩石力学问题，如用比较严密的数学方法得出了在自重作用下计算原岩应力的有关公式。其中影响较大的有太沙基公式[2]、卡氏公式[3]等，得到广泛应用的是利用光敏材料进行的光弹模拟方法和利用相似材料进行的相似模拟研究方法。

（4）矿山地压研究的近代发展阶段。20 世纪 60 年代至今，一方面，研究者们在现场实测的基础上，积极开展实验室研究，研制了各种仪器、仪表和设备；在相似模拟方面，由平面发展到立体模型研究。另一方面，理论研究上又发展了考虑岩石真实性的各种矿压理论研究，如断裂力学、块体力学、极限平衡理论的研究，提出了多种矿山压力假说，并通过不断发展的各种力学理论检验这些假说[4]。

近 20 年来，弹塑性力学方法由于计算机技术的发展而被重视起来。岩石力学实践中的许多问题都要处理极为复杂的几何形状，处理岩体的非均匀性和介质的非线性等问题，这都需要更为强有力的工具。一般说来，这些问题用常规分析方法是不易处理的。

随着计算机技术的飞速发展，有限元作为一门计算科学在 20 世纪 50 年代开始出现，很快就在岩石力学和地下工程中得到应用。有了有限元这种计算工具,就可以用弹塑性力学方法来研究地下工程,即把整个岩体视作弹性体(或者视作弹塑性体),把岩体内的孔洞当做一个弹性体内开孔的问题来解决,以此求出它的应力场或位移场来进行分析。

D. F. Coates 论述了开挖工程对崩落影响的平面应力类比分析。他认为崩落可以由两种不同的应力引起。第一种是顶板中央的拉应力;第二种是拉底空间顶部拐角处的压应力。崩落作用的第二个因素是顶板的形状[4,5]。

L. A. Panek 的研究认为,如果水平应力 S_h 与垂直应力 S_v 之比大于 1/2,则拉底空间的顶底板应力集中区内不出现拉应力;如果 $S_h/S_v < 1/2$,则应力集中区内的拉应力可以引起一些初始崩落,并可能形成拱形[6]。

由于上述对崩落性的力学研究都是在平面模型内进行的,而把空间问题简化为平面问题时,降低了结构的承载能力,因而这样的简化在分析岩体的稳定性时得到的结论趋于保守,相反,分析矿体崩落性时则可能趋于冒进[7]。

国内研究者针对具体矿山条件对矿山地压的显现等做了大量的研究,取得了一定的进展。如对甘肃金川二矿区深部开采地压形成机理与控制的研究、对湖北黄石程潮铁矿地压活动规律的研究等。

陈得信通过分析金川矿区深部地应力环境与地压显现机理,提出合理地压地质灾害防治措施,在预防深部岩爆、维护生产安全方面取得了较大成效[8]。张勇通过建立程潮铁矿三维开采数值模型,提出深部卸压开采方案,通过对比分析光弹卸压模拟试验结果与现场巷道变形特征,研究卸压开采的可行性,为程潮铁矿深部实现卸压开采提供了理论依据[9]。

过去人们普遍以为三维数值模拟计算只能考虑岩石应力-应变的线弹性关系,编制的单元也基本为 6 个或 8 个节点的单元,但随着计算机技术的不断进步,现在已经能够编制 12 个或 20 个节点的单元,能够考虑爆破、电磁等非线性因素的影响[10]。岩体的声发射与微震技术是利用岩体受力变形和破坏后本身发射出的声波和微震来监测工程岩体稳定性的技术方法。声发射与微震现象是 20 世纪 30 年代末由美国 L·阿伯特及 W·L·杜瓦尔发现的，自 60 年代以来，该技术被普遍用于矿山岩爆的预报，也试用于冒顶灾害的监测。岩体声发射监测技术也被用于采场地压管理。随着理论和技术上的进步，该技术在露天矿和地下矿的岩爆，边坡监测等领域已获得广泛应用[11]。

自然界的岩体性质参数是多变的，甚至是随机的，难以用确定的模型描述。从材料力学和结构力学中引进的确定的、线性的、可微的经典理论与工程实际相差甚远，许多现象无法解释。事实上，顶板冒落来自岩体失稳过程中的内在随机性。传统的岩体力学理论难以解释岩体中各种复杂现象，因此出现很多新的理论与方法描述岩体力学问题。20 世纪 70 年代初期，"新三论"[12~14]（突变论、协同论、耗散结构论）及分形几何的出现，极大地促进了岩体力学的发展。用突变理论及分形理论[15,16]研究失稳过程不仅可以正确描述岩体失稳过程的非线性力学特征，消除确定性和随机论两套对立系统之间的鸿沟，而且可进一步开拓岩体失稳预报的新思想、新方法和新理论。

2.2　地压控制技术发展现状

地压控制是采矿设计和采矿过程中的重要问题之一，其核心是采取一切手段保持和提高围岩的强度，以确保开采系统的稳定性。目前对地压控制技术的研究主要包括下述几个方面[17]：

（1）岩体基本物理力学性质的研究。由于岩体基本物理力学性质是数值模拟的基础，随着计算机数值模拟方法在地压研究应用中的不断加深，也极大地推动了对岩体基本物理力学性质的研究。岩体物理力学性质的研究不仅包括对岩体基本性质的研究，还包括对影响岩体稳定性与崩落性的矿山工程地质的研究，如地应力、地下水和地震等方面的调查与研究。许多新技术与新方法不断应用到岩石基本力学性质研究中，如用高精度伺服控制刚性试验机进行三轴试验，以测试岩石的力学参数[18]；利用显微镜观测岩体微观变形，研究岩石内部微观变形机理[19]；利用声发射技术研究岩石稳定性和测量矿山地应力。另外，在岩石本构、岩体损伤、微震监测等方面也取得了大量研究成果。

（2）地压活动规律的研究。研究矿山地压活动规律、岩体变形移动以及崩落发展状态，掌握矿山地压活动特点，有助于针对性提出地压控制措施。研究方法包括现场岩石力学试验、工程地质调查、地压监测以及地压数值计算等。在计算机技术不断进步的推动下，矿山地压活动规律中开始大量采用数值模拟方法，如有限单元法、边界元法、离散元法和有限差分法等都是目前地压研究中常用的模拟方法。采用这些方法的数值模拟软件很多，其基本原理基本一致，就是将单元离散，将求解域剖分为若干单位，以一个离散单元组成的结构物近似一个连续介质，然后分析各离散单元，最后集成求解整体位移、应力等，虽然得到的是近似解，但足够满足岩土及地下工程的实际需求[20,21]。如蔡美峰利用有限元程序研究玲珑金矿深部开采地压活动规律，指出玲珑金矿深部回采中存在的问题，为深部回采地压控制实践提出了合理化方案与建议[22]。

（3）采矿工程岩体崩落性研究。采矿工程岩体崩落特性的研究对象包括围岩崩落和矿体崩落两种地压控制问题。研究围岩的崩落特性以维护采空区稳定，可为深部可持续开采创造条件；研究矿体崩落性是为了合理利用地压采矿。矿岩崩落性的研究方法很多，如数值模拟、非线性分析、相似材料模拟方法等，其中应用较为广泛的是相似材料模拟。例如，针对地下煤矿回采引起地表沉陷的问题，王崇革等建立了浅埋煤层开采三维相似材料模型，研究了地表浅层煤矿回采对地表塌陷的影响以及回采过程顶板岩层运动变化规律，为矿山开采方案的指定提供了决策依据[23]。

（4）井巷工程支护与岩体加固技术的研究。随着浅部资源的逐渐枯竭，很多矿山进入深部开采或即将进入深部开采。开采深度不断增加，地质条件恶化，破碎岩体增多，地应力增大，涌水量加大，地温升高，带来了深部地压等一系列问题，因此井巷地压控制也就成为突出的问题。井巷支护与岩体加固的主要作用是防止巷道围岩变形，防止巷道崩落、破坏，保证巷道的安全使用。井巷工程的支护与加固是最直接的地压控制方法。井巷工程地压控制直接影响深部开采安全，而深部开采对支护工艺和方法也提出了更高的要求，如支护工艺必须具有见效快、时效长、易施工、耐腐蚀等特点。巷道采场支护方法按作用机理大致可以分为两种：一种是围岩内部加固，以充分利用围岩的自承能力；另一种是围岩外部支衬，使围岩中的能量转移到衬砌上，协同围岩一起变形，防止围岩过度变形而崩落破坏。

目前，随着矿山进入深部开采，在井巷工程维护中不断涌现新的支护方法、支护技术，由早期被动的巷道支护发展到新奥法施工，又到现在的喷锚网联合支护技术、柔性锚索支护技术、卸压支护技术以及多种支护技术联合使用。如在高应力区采取卸压支护和喷锚网支护方面，作者通过研究赞比亚谦比西铜矿卸压开采及锚杆支护与武钢金山店铁矿喷锚网支护方式下的巷道变形破坏程度，指出高应力破碎矿岩条件下卸压开采与锚杆支护联合的方式更有利于协调巷道变形，保持巷道稳定[24]。

2.3 地压产生原因及基本特征

2.3.1 地压产生原因

岩体开挖前处于初始应力平衡状态，地下开采工程破坏了这种初始平衡状态，导致采场与巷道周边形成次生应力场，造成地压显现。地压显现方式与原岩应力场、岩体性质、地质构造有关。矿山地压控制可分为 3 类：（1）采场和巷道的地压显现及控制；（2）岩爆预测与预防；（3）采空区处理。

在采场中，顶板岩层内存在应力降低区和一个由最小主应力引起的拉应力区，而两帮则存在一个大的应力集中区。当采场围岩中次生应力场应力大于岩石极限强度，或围岩中形成的应变场应变大于应变极限值，或围岩被结构面切割的部分块体的位移增大导致失稳时，便发生地压活动。根据采场周边岩体的岩性，围岩可发生弹性、塑性或黏性变形，从而导致不同类型的地压活动如变形地压或松脱地压的发生。

2.3.2 采场地压的特点

采场地压主要研究地下开采过程中采场地压分布及其显现规律。

在此基础上，一方面要根据矿山的具体条件，寻求控制围岩与矿柱稳定及大规模剧烈地压显现的措施，以便将采场地压显现的强度、出现的时间和规律控制在不危害生产及安全的允许范围内；另一方面还要尽可能地利用地压的分布和转移规律为采矿服务，提高采矿效率，降低采矿成本，减少矿石的损失与贫化，从而高指标地开采地下资源。

采场地压的特点如下[25]：（1）暴露空间大。由于采场空间的跨度、高度比巷道大，故暴露面积大，采动影响范围也大，因而采场地压显现激烈，波及的范围广。另外，采场地压显现在很大程度上还受岩体及矿体中的层理、节理、断层等岩体结构特性及地质构造因素的影响与控制。

（2）复杂性。由于采场空间的形态比规则巷道复杂得多，且其周围还布置有各种巷道、硐室以及其他采场，因而采场地压的分布、转移、显现不仅与某一采场的形状、跨度、高度及埋藏深度密切相关，而且还与全采区或全矿区的采准工程及采场分布状况、回采方法、支护形式、空区处理等密切相关。因此，采场地压控制必须综合考虑各种因素。

（3）多变性。矿体的开采、矿块的回采总是分阶段、分步骤进行的，各种采掘空间不仅形成的时间先后不一，而且存留时间的长短或废弃时间的先后也不一致，这就使采场围岩及矿柱中的应力分布在开采过程中多次发生变化，采场地压显现的范围、强度也因此而不断改变。所以，回采顺序、采矿强度、回采周期及采空区处理的及时性等因素，都会对采场地压的显现发生重大影响。

（4）采场地压显现形式的多样性。采场地压显现比巷道地压显现波及的范围广、强度大，形式多种多样。除常见的采场局部冒顶、片帮、顶板下沉和围岩变形等形式外，还可能出现采场内大量矿柱压裂、鼓胀、垮塌，多个采场同时大冒落，巷道整体错动、岩体移动，地震、巨响以及地表开裂、塌陷等强烈形式。所以，采场地压的研究不仅要注意控制采场的局部地压显现，防止其危及回采作业安全，同时还要注意控制大范围的剧烈地压显现，防止造成灾害。

（5）控制采场地压难度大。由于采场地压在空间、时间及显现形式等方面的复杂性，要对其进行有效的控制并非易事，须从局部到整体、从回采初期到回采结束的全过程，采取综合的措施才能取得成效。

2.4 影响矿山地压的基本因素

矿山压力显现是由矿山压力所引起的一系列力学现象，是矿山压力作用的后果和其外部表现。它的影响因素是多方面的、复杂的。研究矿山压力显现与影响因素的关系是探讨矿山压力基本规律的关键，也是寻求控制矿山压力技术措施的主要方面。总的说来，矿山压力的影响因素可分为地质因素和生产因素两大类。

2.4.1 地质因素

地质因素是自然形成的，在一般条件下，只能适应和利用这些因素为生产实践服务，而要改变它是困难的。地质因素主要有岩体所处应力环境、岩石物理力学性质、开采深度、倾角、断层、裂隙、节理、地下水等[26]。

（1）地应力影响。地应力是围岩在漫长的地质年代里，由于地质构造运动等原因而产生的内应力，有些资料中称其为"原岩应力"，它是影响采场地压分布，围岩和支护变形、破坏的根本作用力。岩体中心地应力是地层中心能量在岩体中积累和释放的结果，强度越大能够积累的能量也就越大。矿体中的地应力与岩体的力学性质也有很大的关系。

在某个地区的地质史上，地质构造运动往往是多次发生的，因此当今岩体中存在构造应力实际上是历次地质构造运动的最终结果，而近晚期构造应力起着主导的控制作用。

（2）岩石物理力学性质。科研与生产实践证明，岩石物理力学性质在矿山压力显现的过程中通常是起主要作用的，正常情况下可以根据它来判断矿山压力的显现概况，并决定相应的技术措施。根据现场观测，顶板下沉量与岩石强度关系极大，岩石强度越低，顶板下沉量越大。岩石物理力学性质对巷道压力显现的影响也非常明显。若把巷道开掘在坚硬的砂岩或石灰岩中，巷道维护容易甚至可以不用支护。如果巷道围岩是强度比较低的泥质页岩、铝土页岩等，当受采动影响后，即会产生较大的围岩移动，压力显现显著，使巷道维护困难。

（3）矿体倾角。矿体倾角对矿山压力的显现影响也很大。从生产实践中可以证明，近水平矿体的矿山压力显现要比倾斜和急倾斜矿体剧烈。因为在近水平矿体中，上覆岩层的重量几乎垂直作用于岩层面上，所以矿压显现较显著，而倾斜矿体其仅是垂直于层面上的分力，这个分力随着矿体倾角的增大而减小，故矿压显现稍小。

（4）地下水。在有地下水的地区，地下水可冲刷裂隙中充填物质，并使充填物软化，强度降低。在碎裂结构和散体结构中，还有由渗透压力作用造成的管涌，更易引起围岩失稳坍塌。

2.4.2 生产因素

影响矿山压力的生产因素是人为的，只要掌握矿山压力显现规律，就可以控制和改变这些影响因素。这些生产因素主要是巷道位置、开采方法、支护方式、开采顺序、工作面推进速度及顶板控制方法等。

（1）巷道位置。巷道开掘后，岩体原岩应力状态被破坏，在巷道两侧形成集中压力。由于围岩性质的不同，其周围产生的变形、移动及破坏的形式和程度也不一样。鉴于巷道宽度不大，应力集中小，一般可以选用适当支护形式来保持围岩平衡，使巷道处于稳定状态。

如果巷道位置处于工作面采动压力影响范围内，采动压力会连续传递作用于巷道上，使其承受压力比未受采动影响区增大许多倍，这是井下各类巷道产生严重变形和破坏的主要原因。减轻巷道受压变形和破坏的原则性措施，一是在空间上，使巷道位置避开支承压力强烈作用区；二是在时间上，开掘巷道时避开支承压力剧烈影响期。

改变巷道布置方式，可以改善巷道受力状况。主要是合理安排巷道与工作面空间位置，以便减轻和避免回采工作引起的支承压力对巷道的强烈影响。生产实践证明，回采工作面推进方向与巷道方位关系极大。在相同条件下，垂直于回采工作面前方巷道，采动压力传递于其上只是一个断面，受压小，不易破坏；平行于工作面的前方巷道，传递的采动压力作用于整个巷道，受压面大，因此容易破坏。可见，平行于工作面前方的巷道应尽量减小，以降低巷道开掘和维护费。巷道的维护难易，主要取决于采动压力的影响程度，而巷道位置的合理选择，又是改善巷道维护状况的基本措施。因此，根据采场压力分布规律，合理选择巷道位置和支护形式，进行支架结构计算，以减轻采动压力影响，改善巷道维护条件，是矿压研究中亟待解决的一个关键问题。采动压力对巷道影响的研究，之所以没有引起足够的重视，是因为人们已习惯于单纯地采取维护措施。当巷道受采动压力影响严重到无法维修时，就只有重新选择位置开掘巷道。而根据采动压力影响范围及其分布规律正确地选择巷道位置，往往为人们所忽视。巷道位置选择不当，不仅使维修工程大量增加，而且留下大量矿柱，造成资源损失，甚至严重影响正常生产。

（2）开采方法。由于开采方法不同，矿山压力的显现规律亦有差异。在回采过程中，地压活动特点与采用的采矿方法密切相关。随着回采工作的进行，回采空间周围岩体所经历的力学过程，总的讲是应力场的变化。应力场变化造成的后果是围岩变形，即在回采空间的外围，以及在周围岩体中引起弹性位移。一般在金属矿山采用空场法回采时，采场周围岩体质地坚硬，变形过程可能只限于弹性变形。但在回采空间，经常是顶板、两帮岩石在发生弹性变形之后，还会接着发展为非弹性变形，从而局部出现破坏。

采场地压活动较巷道地压活动激烈，并且波及范围大，造成后果严重，这主要是因为：1）采场规模较巷道大，形状复杂，导致回采空间周围非弹性变形区较各类巷道大；2）随回采工作进行，采场规模、形状不断变化，造成采场周围二次应力场经常变化；3）受周围相邻采场回采工作影响；4）矿床倾角对围岩二次应力场有较大影响。

（3）开采深度。理论和实践都证明，开采深度越大，矿山压力显现越明显。根据弹性理论研究可知，地下某深度的弹性潜能与其深度的二次方成正比。因此，开采深度越大，弹性潜能越大，矿山压力越明显，这一结论已在生产实践中得到证实。开采深部矿体时，采场及巷道压力明显增大，对此，应积极采用相适应的支护结构以及技术措施来改善巷道的维护状态，以抵消由于开采深度加大而增加的矿山压力对采场及巷道的影响。

（4）支护方法。围岩与支架是相互作用的统一力学体系，巷道支架的结构与力学性能对矿山压力显现的影响很大。当围岩压力与支架的反作用力趋于平衡时，巷道即可保持相对稳定，否则处于不稳定状态。若支架载荷增加，而强度和可缩量不够时，将引起支架破坏，特别是受采动压力影响的巷道其破坏更为严重。支架形式亦可改变矿山压力的显现，如在软岩系中布置巷道，则矿压较大；用梯形和半圆形支架，不但出现严重底鼓现象，而且两帮围岩移动也比较大；若采用具有一定可缩性的圆形支架，不仅底鼓不明显，而且整个围岩移动量也显著减小，巷道基本上处于稳定状态。支架的力学特性对直接顶板的移动、离层及冒落有着十分重要的意义，应根据顶板的下沉量与压力大小，选择合理的支架结构和强度。

（5）顶板管理。在回采工作中，采用不同的顶板管理方法，其矿山压力显现也不一样，应根据顶板岩性采用相适应的管理方法。

（6）工作面推进速度。回采工作面推进速度对矿山压力的影响主要表现在时间因素方面。在一定条件下，顶板下沉量随着时间延长而增加。如果推进速度慢，在采动压力影响范围内的巷道将经受较长时间的影响，从而使顶底板相对移动量增大，巷道压力显现剧烈。因此，提高工作面推进速度，是改善巷道维护状况的重要技术措施。

影响矿山压力显现的因素虽然很多，但在具体条件下，起主要作用的可能只是一个或几个，所以在工作中一定要抓住主要影响因素。根据生产中当前和长远需要，采取有效措施，才能取得良好效果。

综合上述分析可以看出，研究矿山压力显现规律，就是寻求矿山压力与其影响因素之间的关系。在这个基础上，可选择技术上合理、经济上有利和工作安全的措施来控制矿山压力，利用其有利一面，消除危害，为生产实践服务。

2.5 矿山地压研究方法

对于地压活动规律的研究，目前大致可以分为三类方法，即现场监测[27,28]、实验室模拟[29,30]和数值分析[20,31~33]。

2.5.1 现场监测

现场监测是利用各种测试手段对岩体应力、变形、移动、强度、支架载荷和破坏等进行观测。现场监测能收集到为解决实际生产问题所需要的第一手资料，效果直观，应用广泛，是研究矿山压力的主要方法。其优点是：可以在地质与生产技术多种影响因素作用下取得研究资料，因此基本上能反映矿山压力显现的实际情况，利用这些资料，可以客观地论证一些问题，并可独立地处理和解决一系列生产实际问题，其可靠性与正确性比其他方法好。同时它可以验证数值分析研究与实验室模拟研究的结果，不致歪曲矿山压力的客观规律性。

现场监测的主要缺点是：井下实测工作量大，所需时间比较长，测定范围也较小，一般仅限于研究巷道及工作面表面与浅部的矿山压力显现情况。而对深部岩体应力、变形及移动的观测尚缺乏可靠的测试手段，因此所测结果并不能全面地反映矿山压力显现规律。同时，由于研究条件受限制，不能在不同的生产地质条件下，根据一定的设想进行不同方案的对比研究工作，不易得出全面结论和带有指导意义的普遍规律。

2.5.2 实验室模拟

为了取得现场观测无法获得的数据和难以收集到的资料，进行实验室模拟也是常用的研究方法，主要包括相似材料模拟和光弹性模拟。

2.5.2.1 相似材料模拟

相似材料模拟是在相似理论的基础上，考虑边界条件与生产工艺的影响，采用以石膏或石蜡为胶结物的人工材料，参照现场条件以不同的材料配比成需要的模型，进行有关矿山压力的研究工作。

相似材料模拟试验可以模拟矿体开采后巷道及采场周围岩体的变形与破坏情况，回采前后岩体内应力的变化和分布规律等。相似材料模拟方法的主要优点是：可以在短时间内用少量人力物力进行各种条件下的模拟工作，尤其是对现场无法进行研究或研究比较困难的课题更为有效。如观测开采层上覆岩层运动规律、岩层变形、离层及一系列力学过程和全貌等，在现场条件下是很难实现的。

相似材料模拟方法同样也存在着严重的缺点，在模拟中难以考虑地质与生产的各种影响因素，如裂隙、节理、断层、残余应力等。同时，温度、湿度及其他人为的模拟工艺过程和测试仪表不稳定等，也都会给实验结果的可靠性和真实性带来一定的影响，实验技术也比较复杂。因此，在目前的研究条件下，相似材料模拟只能做到模型与原型的大致几何相似，而对于力学相似却无法做到，这势必影响模拟结果的可靠性。

相似材料模拟方法适于研究一些系统性、规律性及探索性的矿山压力问题，凡是条件比较简单、影响因素不多的，应用这种方法还是有效的。如研究岩层移动、岩体应力状态、采场周围压力分布规律、围岩与支架相互作用以及与回采工作面有关问题。

2.5.2.2 光弹性模拟

光弹性模拟方法研究应力分布的基本原理根据是某些材料如玻璃、电木、赛璐珞等受力后，产生偏振光的暂时双折射特点。这种暂时的偏振光双折射特点在去掉外力后，即会立刻消失。当偏振光通过受力作用而产生变形的模型时，偏振光分角为沿两个互相垂直的主应力作用于平面振动的光波。这两个光波在模型中受到不同程度的相对减速，其中一束光波超前于另一束光波，即所谓的光程差。当这两束光通过检偏镜重合时，就会产生干涉现象，由此可以看到不同色彩的光带，即等色线。若这两束沿主平面振动的光波与检偏镜光轴重合，则会出一黑带，该黑带是由具有相同的主应力方向的各点组合而成的，称为等倾线。实验证明，光程差是模型厚度及主应力差的函数，因而，根据等色线可以确定最大主应力值，根据等倾线可以确定主应力的方向。

光弹性模拟方法对研究巷道围岩应力分布、工作面支架压力、煤柱应力分布、顶底板与支架互相作用等问题是有效的，也是其他方法所不能相比的。光弹性模拟方法的主要优点是：能够在较短时间内和人力物力消耗少的条件下，完成各种不同生产地质条件下的研究任务，并能全面地观察到应力分布、应力集中及局部应力情况，判断巷道、矿柱及顶板的稳定情况，对巷道位置的选择、巷道形状和支护结构的设计提供理论依据。但是因受模拟材料的限制，其仅能研究弹性变形范围内的应力分布，而不能进行有关岩层移动及破坏过程的研究。

2.5.3　数值分析

　　数值分析是利用已建立的岩体数学力学模型，在条件简化和给定的假设前提下，利用计算机的快速计算能力对矿山压力进行研究的一种方法。

　　计算机的问世，使得那些建立在相当简单的弹性力学原理上，但要求做大量计算工作的程序的开发成为可能。近几十年来，随着计算机运算速度和容量的提高，许多数值分析方法应时而生，并在采矿工程和科学领域内得到越来越广泛的应用。目前，数值分析计算方法已经成为现代工程技术分析、计算，预测预报工程稳定性、可靠性的重要手段。

　　目前在岩石力学中常用的数值分析方法主要有：边界元法（BEM）、有限单元法（FEM）、有限差分法（FDM）和离散元法（DEM）。虽然其假设条件和采用的基础理论不同，但总体可分为两类：一类是在连续介质力学的基础上进行的，如弹性理论、塑性理论、极限平衡理论、松散介质理论以及流变理论等；另一类是在一定的假说条件下，利用固体静力学与材料力学研究一些具体矿山压力问题。

　　由于岩体是一种非常复杂的介质，通常存在着分层性、裂隙性、非均质性、非线性和流变性等，而且即使在地质构造比较均匀、可以近似地看做均匀弹性体的情况下，也往往因为边界条件复杂而无法求解。因此，长期以来，对于上述问题的计算，大多沿用简化的结构力学方法，采用弹塑性理论等来求得粗略的解。

随着数值分析计算技术的发展，计算模型由线弹性平面问题发展到现今的三维非线性和大变形等模型，计算单元由常应变三角形单元发展到三维的任意曲面单元等。不同的单元可以是不同性质的材料，而且还可以引进一些特殊的单元来处理各向异性材料、软弱夹层和裂隙等问题。同时，还可以通过相当细密的剖分单元来满足各种复杂孔洞的边界条件。因此，数值分析方法出现后很快就在岩体力学和矿山工程分析中得到应用，并在模拟地压活动规律，解决地压问题中发挥着越来越重要的作用。

但是数值分析计算方法是在对工程地质体进行一系列简化和假设下进行的分析，况且岩体的复杂多变以及不确定性也会对地压活动以及应力场的分布产生影响，所以在多种简化和假设下的数值计算结果势必会和实际有所差异。因此，采用数值计算方法也只能做一些规律性和普遍性的地压活动分析。

综上所述，矿山压力的影响因素是多方面的，显现规律是复杂的，而目前所有的矿山压力研究方法都无法单独、全面、系统地研究矿山压力问题，因而采用多种研究手段相结合、并以现场研究为主的综合性研究方法是研究矿山压力活动规律和分布特征的有效的方法。

2.6 地下矿山地压控制方法

地压控制的关键是采用一切手段保持和提高围岩的强度，充分利用围岩的自身的强度来保持开采系统的稳定性。任何采矿活动都是通过对地层的开挖来完成的，而这种开采活动也同时破坏了地层的原始平衡状态。地压显现就是由地层失去平衡引起的，是地层为了达到新的一轮平衡的一种自我调节行为。矿山深部地压的控制应采取的措施包括：深部开采生产管理；采空区的及时处理；采场和巷道的维护。

2.6.1 深部开采生产管理

合理的回采工艺、地压活动的监测与预报以及深部回采生产管理是控制深部采场地压的有效手段。主要应做好下面几方面工作。

2.6.1.1 缩短采矿工程服务年限

地压规律表明，在一定的应力环境和暴露面积下，每种矿岩的自稳时间是不同的，而且随着存在时间延长，其稳定性逐渐下降直至失稳。因此，尽量缩短采矿工程存在时间，是控制有害地压显现最有效的途径之一。为最大限度地缩短采矿工程的存在时间，矿山可以采取以下措施：

（1）优化生产准备矿量。生产准备矿量是保证矿山正常生产和连续生产的重要指标。每一个生产矿山为保证生产的持续，都配存一定量的生产准备矿量，这些生产准备矿量按阶段和准备程度划分为开拓矿量、采准矿量、备采矿量三级，其矿量储备标准一般为 3 年、1 年、6 个月。但这一标准是按硬岩矿山条件来制定的，当矿岩破碎、地压较大时，矿山由于矿岩稳定性差，巷道安全稳定时间短，如按此标准进行生产矿量准备，大量巷道的存在时间将因超过巷道自身的稳定期限而发生变形破坏，从而使得一些采矿工艺无法安全正常实施。为避免矿山出现采掘失衡问题，同时缩短深部矿体开采中巷道存留时间，需对生产准备矿量保有期进行了优化确定。

生产准备矿量优化的原则是：根据矿山产量平稳增长和连续生产的原则，以地压活动规律和矿岩稳定性分类为依据，结合矿山施工能力和水平，最大限度地缩短生产准备矿量的保有期。

（2）强掘强采。破碎矿段及受地压作用影响严重矿段实行强掘强采，将回采单元划小，采用掘、凿、采连续作业。

2.6.1.2 减小爆破扰动

研究表明，采动地压是导致矿山地压显现最主要的因素之一，而采场中的爆破动载又会对采动地压产生较大影响，因此控制爆破的次数与强度是减轻爆破动载危害的重要手段。矿山采用分段爆破、光面爆破等控制爆破技术，并对爆破参数进行优化，使爆破参数能够适应各自的矿岩条件，可以最大程度利用爆破能量并降低爆破震动危害。

2.6.1.3 关键巷道避开应力集中区

沿脉巷道是每个水平的分段巷道，服务年限最长，保持其稳定性对整个分段回采十分关键。但是矿体上盘往往是应力集中区，在巷道开挖形成过程中，围岩应力变化大，承载能力降低快，特别当有软弱夹层穿插时，巷道容易发生变形破坏。为了减轻这些关键巷道的变形破坏，应尽量减少在上盘围岩中布置巷道，如必须布置时，也应避开应力峰值区；对于布置在下盘的巷道，则应尽量放置在卸压区，但也应该避开回采移动支承压力峰值区。

2.6.1.4 合理的回采工艺

A 合理安排深部回采顺序

回采顺序对采场内的采动应力调整极为敏感，不合理的回采将会导致大的地压活动。当矿体稳定性差时，巷道和炮孔极易发生变形和破坏，造成悬顶或巷道垮冒问题。根据岩体稳定理论以及数值模拟得出的结论，先回采应力集中区矿体，后回采应力下降区矿体，有利于地应力有序释放，整个采矿活动也能在较低应力环境下进行。

B 布置合理的采场结构参数

矿房采场回采是在原岩应力场下作业，矿柱采场则在次生应力场下作业，矿柱采场回采比矿房采场回采要复杂和困难，应着重考虑矿柱采场的结构尺寸。合理的采场参数可以避免因局部应力集中而发生破坏，并能减少采场的支护量及给回采出矿带来的不便。

2.6.1.5 地压活动监测预报

地压监测是地压研究的重要环节，是揭示矿山地压活动规律的科学手段。监测内容主要包括矿山支护体、充填体和围岩的受力状态、变形移动、破裂及声响等。各方面的监测内容及其相应监测手段的选择，都应该据矿区岩体地质及开采条件有所侧重，否则就不能得到好的效果。地压（微震）监测系统能够及时捕捉由地压活动引起的微震活动信息，并实现微震源定位，起到提前预防地压灾害活动的目的，这对于开展矿山动力灾害的预测研究具有重要的现实意义。

2.6.2 采空区充填处理

2.6.2.1 充填体的作用机理

文献［34］综述了部分充填体作用机理，其中南非部分研究观点认为，充填体维护采场稳定的作用方式是多种形式的，充填支护机理不仅仅是靠充填体压缩所产生的作用来决定支护工作中充填体的稳定效果。尽管任何一种支护机理的单独作用是极小的，但其积累起的作用可大大地影响采场覆岩的稳定性。主要充填支护机理为：

（1）保持顶板围岩的完整性。顶板围岩是由断层、节理和裂隙切割成结构体，由于采场形成的临空面，使得某些结构体具有滑移或冒落的可能。这些潜在冒落的拱顶岩块称之为"拱顶石"。充填体的最重要作用是在拱顶石和采场之间提供一种连接。充填将延缓且最终阻止拱顶石移动的任何趋势，从而提高顶板围岩的自身承载能力。在不充填的状况下，松动的拱顶石可能从顶板自由冒落，从而引起连锁的冒落和垮塌而最终导致整个采场失稳。而充填后充填料中的细料进入拱顶石周围的开口节理和裂隙，将有助于保持拱顶石的稳定。

（2）减轻地震波的危害。充填将在地震条件下提供最有意义的连接功能。在没有充填物的情况下，岩爆引起的压缩冲击波将在由顶板和底板表面提供的岩石与充填体界面处反射。反射时，它们将产生拉力且趋于将孤立的顶板（或底板）"切断"。但是，充填后与岩石接触的充填料，可使冲击波仅在岩石与充填体界面处部分反射，因此将降低"切断"作用。此外，充填体还能阻止采场顶板处拱顶石的位移，在动态短时荷载条件下，松软充填体也可以能起到硬质充填料的作用。

（3）作为节理与裂隙中的填充物。充填时，细料将进入上下盘围岩中的裂隙和节理中。此外，充填料与岩石之间的接触还能防止工作面推进时岩层在遭受曲率逆转期间节理中出现的任何原生细料跑出，这将促进节理和裂隙的膨胀，从而限制拱顶石的松动，提高顶板围岩的稳定。

2.6.2.2　采空区充填措施

采空区充填是采用胶结或块石充填方法，把块石砂浆或块石充入剩余采空区，在空区内形成充填体，以作为岩层的一种介质，吸收或转移地应力，限制采空区围岩移动，改善矿山整体结构受力状态，达到采场结构稳定，保障生产作业安全。充填体具有一定的可塑性，一旦围岩变形，充填体便随之被压缩，岩体中积蓄的能量也随之得到释放。因此，采用充填方法处理采空区，可以有效控制有害地压发生。为了从源头上扼制地压活动的产生条件，保障矿山安全生产，应加快井下空区治理力度，减少井下空区规模，消除空区存在所产生的冒顶、冲击地压危害，降低空区周边岩体的应力集中程度，减少岩体内部破坏，最大程度保护岩体的稳定。

2.6.3 采场及巷道的维护

2.6.3.1 间接控制方法

A 采场巷道维护

采场巷道维护的基本原则是巷道的安全使用期应大于在巷道生产服务期。在具体的地质和技术条件下，应寻求采准、回采和支护总费用最低而回采综合效益最佳的方案。

为获得必要的巷道安全使用期值，给开采提供比较宽松的时空环境，而又不过高增加支护费用，巷道维护中的指导思想为：适当让压、控制围岩有害变形、及时封底。适当让压有利于地压的释放，但让压后需采取相应的支护措施，及时强有力的控制围岩变形，以避免围岩持续变形导致破坏。变形地压作用于巷道的各个部分，巷道顶板和两边支护后，底板就是地压释放的薄弱部位，及时封底以形成一个完整的支护结构，不但可以避免地压从底板突破，而且还能在巷道周边形成一个封闭结构，提高支护结构的承载能力，从而增强巷道支护效果。在一定的矿岩和巷道分布中，应采取各种调控手段，力争不在采场形成过高集中应力，尤其避免高应力作用在破碎巷道上。当不可避免时，应尽可能将该巷道时间缩至最短。支护只是在上述调控的基础上发挥补充调控作用。

B 巷道的布置方式

巷道的布置方式影响可其稳定性，如巷道的位置、走向及断面形状都与其稳定性有关。巷道应尽量避免布置在应力集中区；巷道走向应尽量与最大主应力方向平行，以避免最大主应力对巷道的破坏；巷道断面选择金属矿山常用的三心拱。

2.6.3.2 直接控制方法

支护和加固是最直接的控制地压的方法。在采用间接的措施后仍不能保持稳定的地段，必须借助于支护或加固手段来满足采矿工艺实施过程中的安全需要。

地下矿山可以采用顶板分级管理制度，根据井下矿岩的整体性、稳定程度和周边空区状况等因素对顶板稳定程度进行划分。对不同巷道的顶板实施分级管理，不同的顶板分级采取不同的支护措施。

A　超前支护形式

在矿岩极其破碎且受地压影响严重区域，现有的临时支护手段可能无法控制其中的巷道失稳，所以在此类情况下开掘巷道必须采取超前支护，以提高围岩的稳定性，并为临时支护与永久支护的实施提供必要的时间及安全条件。

超前支护的形式主要有：超前锚杆与钢支架联合、钢架插板法，超前喷注混凝土拱法，前置管缝锚杆支护法。

B　临时支护形式

临时支护是在巷道进行系统支护前为防止围岩破坏、保护施工安全而采用的临时维护措施，对控制巷道的掘进垮冒极为重要。临时支护应具有速效加固和施工方便快捷的特性，其使用原则是：围岩自稳时间短，不能安全系统地进行永久支护；快速掘进，永久支护不能同步快速实施。

C　永久性支护形式

采矿巷道与永久性巷道工程不一样，它是一种安全度较低的临时性工程，所支护巷道的安全稳定性只要求满足整个采矿过程的安全实施即可。这与安全度较高的交通工程、库硐工程、水电工程有着较大的区别。采矿工程环境恶劣，受动压作用围岩强度下降快，巷道自稳性差，维护难度大，在保证安全生产的前提下，支护成本越低越合理。采矿巷道所采用的永久支护是相对而言的，因为采矿巷道类型复杂，存在时间也不一致，一般采用一次性支护，而不主张进行多次支护。但对于自稳时间较短的岩体，巷道掘进后，围岩稳定时间不允许进行系统支护而必须采用临时支护时，才采用两次支护。常见的矿山永久性支护方法有：

（1）管缝锚杆金属网支护，简称"锚网支护"。多年来的生产实践表明，锚网支护具有速效、灵活和全封闭的支护特性，矿山生产中也大量的使用了这种支护形式，其中包括点锚、锚网、锚喷网等多种形式。

（2）玻璃钢锚杆金属网支护。由于矿山井下环境普遍潮湿、管缝锚杆防腐措施不到位等因素，采用管缝锚杆支护后，管缝锚杆易因腐蚀而失去锚杆锚固作用，导致金属网和表层围岩脱离。玻璃钢锚杆具有轻质、高强度，耐腐蚀等特性，采用玻璃钢锚杆替代管缝锚杆进行巷道的锚网支护，能有效避免因采用管缝锚杆进行支护后腐蚀带来一系列问题，另外玻璃钢锚杆尾部采用托盘与螺母的结构，在巷道变形后能及时拧紧提高预紧力，从而有效控制巷道的有害变形，延长巷道的安全使用期。

（3）工字钢支架。它是一种初动式支护形式，开始主要用于粉矿地段做临时强冒支护。后期往往经过加密支架和增加横撑，或采用喷射混凝土上升为永久支护。其缺点是支护结构不能主动抗压，抗变形和抗剪切能力低，且成本高。随着锚喷支护结构性能的改进，这种支护形式正逐渐减少，现在主要用于垮冒区处理和巷道返修、补强。

（4）混凝土砌碹支护。这种支护形式适用于马头门、斜井、各水平休息硐室顶板的维护，可有效地保证支护顶板的安全稳定。

D 联合支护形式

联合支护主要是锚喷与钢支架联合，也是目前采用得较多的支护形式。联合支护的主要形式有多种，一种是先锚喷，然后再用钢支架复支；另一种是先施加钢支架做临时支护，然后再在工字钢的基础上喷射混凝土，形成连续的支护墙；还有一种是采用管缝锚杆和玻璃钢锚杆联合支护。对于矿山部分破碎矿段，其节理裂隙较多，地下水沿节理裂隙渗出巷道表面，导致管缝锚杆容易腐蚀失效而发生金属网或锚杆脱落。这时若采用管缝锚杆与玻璃钢锚杆联合支护，既可发挥管缝锚杆支护起效快，保证施工安全的优势；也可充分利用玻璃钢锚杆耐腐蚀、抗疲劳、支护时效长的优点。

参 考 文 献

[1] 蔡美峰. 金属矿山采矿设计优化与地压控制——理论与实践[M]. 北京：科学出版社, 2001.

[2] Fannin J. Karl Terzaghi：From theory to practice in geotechnical filter design[J]. Journal of Geotechnical and Geoenvironmental Engineering, 2008, 134(3)：267~276.

[3] Nunes L C S, Nascimento V M F. Estimation of internal defect size by means of radial deformations in pipes subjected to internal pressure[J]. Thin-Walled Structures, 2011, 49(2)：298~303.

[4] Lee C F. A rock mechanics approach to seismic risk evaluation[J]. Earthquake Hazard Reduction and Rock Mechanics, 1978.

[5] Taybor H K. General background theory of cut-off grades[J]. Transaction of the Institute of Mining and Metallurgy, 1972, 81(2).

[6] Dowd P A. Application of dynamic and stochastic programming to optimize cut-off grade sand production rates[J]. Transactions of the Institute of Mining an Metallurgy, 1976, 85(3).

[7] 勾攀峰, 韦四江, 张盛, 等. 不同水平应力对巷道稳定性的模拟研究[J]. 采矿与安全工程学报, 2010, 27(2)：143~148.

[8] 陈得信, 曹思远, 陈仲杰, 等. 金川二矿区深部开采岩体力学分析[C]//2010年全国采矿科学技术高峰论坛论文集. 2010：299~303.

[9] 张勇. 程潮铁矿深部卸压开采数值模拟及卸压方案优化研究[D]. 武汉：武汉科技大学, 2011.

[10] 凌桂龙, 丁金滨, 温正. ANSYS Workbench 13.0从入门到精通[M]. 北京：清华大学出版社, 2012.

[11] 张银平. 岩体声发射与微震监测定位技术及其应用[J]. 工程爆破, 2002, 8(1)：58~61.

[12] 徐秉业. 弹性与塑性力学[M]. 北京：机械工业出版社, 1981.

[13] 于学馥. 轴变论[M]. 北京：冶金工业出版社, 1960.

[14] 胡广韬, 杨文远. 工程地质学[M]. 北京：地质出版社, 1997.

[15] 谢和平. 采矿工程中的力学问题与分形力学[M]. 北京：中国科学技术出版社, 2000.

[16] 浙江大学编委会. 分形几何原理及其应用[M]. 杭州：浙江大学出版社, 1998.

[17] 龙涛, 潘斌, 余斌, 等. 国内外金属矿山地压控制技术研究发展评述[J]. 采矿技术, 2008, 8(3)：58~60.

[18] 席道瑛, 陈林. 岩石各向异性参数研究[J]. 物探化探计算技术, 1994, 16(1)：16~22.

[19] Tapponnier P, Brace W F. Int J. Rock Mech. Min Sci. 1976, 13：103~112.

[20] 施建俊, 孟海利, 汪旭光. 数值模拟在矿山的应用[J]. 中国矿业, 2004, 13(7): 53~56.

[21] 孙书伟, 林杭. FLAC3D 在岩土工程中的应用[M]. 北京: 中国水利水电出版社, 2011, 6(1): 1~3.

[22] 蔡美峰, 王双红. 玲珑金矿深部开采二维有限元数值模拟研究[J]. 矿冶工程, 2000, 20(4): 14~17.

[23] 王崇革, 王莉莉, 宋振骐, 等. 浅埋煤层开采三维相似材料模拟实验研究[J]. 岩石力学与工程学报, 2004, 23(z2): 4926~4929.

[24] 王文杰. 高应力区卸压与锚杆支护对巷道稳定性影响分析[J]. 金属矿山, 2010(10): 1~5.

[25] 李通林, 谭学术, 刘传伟. 矿山岩石力学[M]. 重庆: 重庆大学出版社, 1991.

[26] 任德惠. 采场压力实测技术[M]. 成都: 四川科学技术出版社, 1985.

[27] 李俊平. 声发射技术在岩土工程中的应用[J]. 岩石力学与工程学报, 1995, 14(4): 371~376.

[28] 黄仁东, 等. 声发射技术在湘西金矿深井安全开采中的应用[J]. 中国安全科学学报, 2004, 14(1): 101~103.

[29] 任伟中, 等. 厚覆盖层条件下地下采矿引起的地表变形陷落特征模型试验研究[J]. 岩石力学与工程学报, 2004, 23(10): 1715~1719.

[30] 饶俊. 某矿地压相似材料模型试验研究[J]. 江西有色金属, 1997, 12(4): 5~8.

[31] 张世雄, 等. 岩体崩落机理的数值模拟研究[J]. 金属矿山, 1997(9): 13~18.

[32] 李廷春, 等. 三维快速拉格朗日法在安全顶板厚度研究中的应用[J]. 岩土力学, 2004, 25(6): 935~939.

[33] 胡永泉. 冶山铁矿北矿区下部矿体矿岩稳定性数值模拟[J]. 矿业快报, 2003(4): 12~13.

[34] 乔俊宇. 基于提高金川二矿区下部胶结充填体稳定性的实验研究[D]. 长沙: 中南大学, 2006.

3 研究方法及岩体力学参数估算

地压问题一直是影响金属矿床地下开采的主要问题，由于地下回采时矿岩的大量开挖，破坏了岩体中原始的应力分布及平衡状态，导致岩体中应力场重新分布，产生二次应力场，在二次应力场的分布中又会形成高应力集中区。采矿过程是一个对岩体的持续不断的开挖过程，围岩的应力场分布状态也在不断地遭受破坏，不断地产生新的次生应力场。岩体应力场的不断变化，将影响地下开采的安全性，尤其对于松软破碎的矿体，在进行地下开采时，受采动地压的影响，巷道垮冒现象十分严重。采用喷锚网为主的支护形式，可以取得一定的控制效果。但在局部地压活动明显的区域，采用加强支护的办法仍保证不了巷道的稳定性，且随着地下开采深度的不断增大，采场地压问题也越来越突出，其控制难度也不断增大。国内外学者和采矿工作者经过多年研究和实践，总结出了许多地压活动的规律、管理办法及原则[1,2]，并取得了显著的效果。研究卸压开采，就必须研究矿石开采所引起的岩体应力变化和分布规律，从而通过合理的采场结构布置和结构参数来实现卸压开采的目的。

通过现场监测来获得地下开采中的地压活动及分布规律，显然有着很大的难度，甚至难以实现。随着计算机技术的快速发展，数值计算方法也得到了迅速发展，通过数值计算手段来研究采矿过程中的地压活动规律及应力分布特征显然是一种简便的研究方法，其已在矿山开采中得到广泛应用。

为了全面了解采矿过程中的地压活动以及应力场分布特征，本文采用 Itasca 公司开发的 FLAC^{3D} 数值计算软件对中厚倾斜矿体卸压开采时的地压活动规律及分布特征进行分析。

3.1 数值计算方法

FLAC 是连续介质快速拉格朗日差分分析法（Fast Lagrangian

Analysis of Continua) 的英文缩写，该方法最早由 Willkins 用于固体力学，后来被广泛用于研究流体质点随时间变化的情况，即着眼于某一个流体质点在不同时刻运动轨迹的速度、压力等。FLAC[3D] 是 FLAC 分析方法在三维空间的拓展，是面向土木、交通、水利、石油及采矿工程和环境工程的通用软件系统，在国际岩土工程界具有广泛的影响，已经在隧道及地下洞室稳定性[3~6]、边坡稳定性[7~10] 以及地下开采[11~16]等方面取得成功的应用，目前在全世界 70 多个国家和地区都得到广泛应用。

连续介质快速拉格朗日差分法与通常的有限元法和边界元法的不同之处在于：前者是显式的方法，而后者则是隐式的方法。显式差分法求解时，未知数集中在方程式的一边，无须形成刚度矩阵，不用求解大型联立方程，因而占用内存少，便于微机求解较大的工程问题。另外，由于该方法采用的是随流观察法，即研究每个流体质点随时间变化的情况，所以适合于解决非线性大变形问题，这一点恰好可以满足岩土工程中力学分析的需要。此外，FLAC[3D]还具有热力学、蠕变、动力学等多种分析模块，可以进行多场的耦合计算，以满足不同工程和环境下的计算需求。

FLAC[3D]与其他有限元数值计算方法相比，有如下特点：

（1）采用混合离散化方法模拟塑性破裂与塑性流动，比采用归约积分法更合理；

（2）采用全动态运动方程使 FLAC 在处理不稳定问题时不会遇到数值困难；

（3）采用显式解法，在求解非线性应力-应变关系时，不需要存储任何矩阵及对任何刚度矩阵进行修改，与普通隐式解法相比，大大节约了计算时间；

（4）全部采用动力学方程，即使在求解静力问题时也是如此，因此可以分析和计算物理非稳定过程。

3.1.1 FLAC[3D]基本原理[17,18]

三维快速拉格朗日法（FLAC[3D]）在求解中使用了以下三种计算方法：

（1）离散模型方法。连续介质被离散为若干互相连接的六面体单元，作用力均被集中在节点上。

（2）有限差分方法。变量关于空间和时间的一阶导数均用有限差分来近似。

（3）动态松弛方法。应用质点运动方程求解，通过阻尼使系统运动衰减至平衡状态。

3.1.1.1 空间导数的有限差分近似

三维快速拉格朗日法采用了混合离散方法，区域被划分为常应变六面体单元的集合体。在计算过程中，程序内部又将每个六面体分为以六面体角点为角点的常应变四面体的集合体，变量均在四面体上进行计算，六面体单元的应力、应变取值为其内四面体的体积加权平均。如图 3-1 所示四面体，节点编号为 1 到 4，第 n 面表示与节点 n 相对的面，设其内任一点的速率分量为 v_i，则由高斯公式可得：

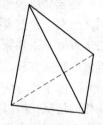

图 3-1　四面体单元

$$\int_V v_{i,j} \mathrm{d}V = \int_S v_i n_j \mathrm{d}S \tag{3-1}$$

式中　V——四面体的体积；

S——四面体的外表面积；

n_j——外表面的单位法向向量分量。

对于常应变单元，v_i 为线性分布，n_j 在每个面上为常量，由式（3-1）可得：

$$v_{i,j} = -\frac{1}{3V} \sum_{l=1}^{4} v_i^l n_j^{(l)} S^{(l)} \tag{3-2}$$

式中，上标 l 表示节点 l 的变量，(l) 表示面 l 的变量。

3.1.1.2 运动方程

三维快速拉格朗日法以节点为计算对象，将力和质量均集中在节点上，然后通过运动方程在时域内进行求解。节点运动方程可表示为如下形式：

$$\frac{\partial v_i^l}{\partial t} = \frac{F_i^l(t)}{m^l} \tag{3-3}$$

式中　$F_i^l(t)$ ——在 t 时刻 l 节点在 i 方向的不平衡力分量，可由虚功
　　　　　　 原理导出；

　　　m^l ——l 节点的集中质量，在分析动态问题时采用实际的
　　　　　　 集中质量，而在分析静态问题时则采用虚拟质量以
　　　　　　 保证数值稳定。对于每个四面体，其节点的虚拟质
　　　　　　 量为：

$$m^l = \frac{a_1}{9V} \max\{[n_i^{(i)} S^{(l)}]^2, i = 1, 3\} \tag{3-4}$$

式中，$a_1 = K + \dfrac{4}{3G}$（K 为体积模量，G 为剪切模量）。

　　任一节点的虚拟质量为包含该节点的所有四面体对该节点的质量
之和。

　　将式（3-3）用中心差分来近似，则可得到：

$$v_i^l\left(t + \frac{\Delta t}{2}\right) = v_i^l\left(t - \frac{\Delta t}{2}\right) + \frac{F_i^l(t)}{m^l}\Delta t \tag{3-5}$$

3.1.1.3　应变、应力及节点不平衡力

　　三维快速拉格朗日法由速度来求某一时步的单元应变增量：

$$\Delta\varepsilon_{ij} = \frac{1}{2}(v_{i,j} + v_{j,i})\Delta t \tag{3-6}$$

　　有了应变增量，即可由本构方程求出应力增量：

$$\Delta\sigma_{ij} = H_{ij}(\sigma_{ij}, \Delta\varepsilon_{ij}) + \Delta\chi_{ij} \tag{3-7}$$

其中 H_{ij} 为已知的本构方程，$\Delta\chi_{ij}$ 为大变形情况下对应力所作的旋转修
正：

$$\Delta\chi_{ij} = (\omega_{ik}\sigma_{kj} - \sigma_{ik}\omega_{kj})\Delta t \tag{3-8}$$

式中，$\omega_{ik} = \dfrac{1}{2}(v_{i,k} - v_{k,i})$，$\omega_{kj} = \dfrac{1}{2}(v_{k,j} - v_{j,k})$。

　　将各时步的应力增量叠加后即可得到总应力，再由虚功原理可求
出下一时步的节点不平衡力。每个四面体对其节点不平衡力的贡献可
按下式计算：

$$p_i^l = \frac{1}{3}a_{ij}n_j^{(l)}S^{(l)} + \frac{1}{4}\rho b_i V \qquad (3-9)$$

式中 ρ ——材料密度;

b_i ——单位质量体积力。

任一节点的节点不平衡力为包含该节点的所有四面体对该节点的不平衡力之和。

3.1.1.4 阻尼力

对静态问题,三维快速拉格朗日法在式(3-3)的不平衡力中加入非黏性阻尼以使系统的振动逐渐衰减直至达到平衡状态(即不平衡力接近零),此时式(3-3)变为:

$$\frac{\partial v_i^l}{\partial t} = \frac{F_i^l(t) + f_i^l(t)}{m^l} \qquad (3-10)$$

其中阻尼力为:

$$f_i^l(t) = -a\,|\,F_i^l(t)\,|\,\mathrm{sgn}(v_i^l) \qquad (3-11)$$

式中,a 为阻尼系数,其默认值为0.8,此时

$$\mathrm{sgn}(y) = \begin{cases} +1 & (y > 0) \\ -1 & (y < 0) \\ 0 & (y = 0) \end{cases} \qquad (3-12)$$

3.1.1.5 计算循环

三维快速拉格朗日法的基本显式计算循环过程如图3-2所示。在这个过程中,首先调用运动方程利用应力和外力导出新的速度和位移,然后根据速度导出应变速率,最后由应变速率得出新的应力。

从 FLAC^{3D} 的计算循环还可以看出,无论是动态问题,还是静态问题,其均由运动方程

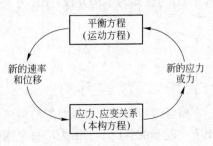

图 3-2 基本显式计算循环过程

通过显式方法进行求解，这使得 FLAC^{3D}很容易模拟动态问题，如振动、失稳、大变形等。对于显式求解法来说，非线性本构关系与线性本构关系并无算法上的差别，对于已知的应变增量，可以很方便地求出应力增量，并得到不平衡力，就同实际中的物理过程样，可以跟踪系统的演化过程。此外，显式法不形成刚度矩阵，每一步计算所需计算机内存很小，因而使用较少的计算机内存就可以模拟大量的单元。在求解大变形过程中，因每一时步变形很小，可采用小变形本构关系，只需将各时步的变形叠加，即可得到了大变形。

3.1.2 FLAC^{3D}计算模型

FLAC^{3D}和其他的有限元软件一样，在进行数值分析时也需要建立相应的网格化单元模型，增加边界条件和初始条件，以及赋予模型相应的材料性质。

3.1.2.1 网格单元模型

FLAC^{3D}内置一个网格生成器，通过这个网格生成器可以将不同形状的初始单元网格连接起来，得到任意形状的几何形状。

为了能够快速建立计算所需的数值模型，FLAC^{3D}内置了 12 种初始单元网格模型，即：Brick、Degenerate brick、Wedge、Pyramid、Tetrahedron、Cylinder、Radial brick、Radial tunnel、Radial cylinder、Cylindrical shell、Cylinder intersection、Tunnel intersection。其中，前 6 种是用来建立模型的一般的初始单元网格模型，用途比较广泛；而后 6 种则是针对地下工程的特殊需求而设计的特殊的初始单元网格模型，可以用来建立巷道、衬砌等，通过这 12 种网格的相互组合，基本可以建立起所需要的任何计算模型。FLAC^{3D}是通过人机交互式或相应的 ASCII 批处理文件进行建模及计算的，因此其建模操作不是很方便。

此外，FLAC 的内置 Fish 语言可以用来对模型进行调整，使计算模型更加符合复杂的实际情况。近年来，Itasca 公司又推出了 3Dshop 来补充其 FLAC 本身在建模功能方面的不足。通过 3Dshop，用户可以方便地建立起复杂的三维地质模型。

3.1.2.2　材料模型及其结构单元

FLAC^{3D} 具有强大的适合模拟岩土材料的本构模型及结构单元模型，为了满足不同的工程需要，其内置了 11 种本构关系材料模型，即：

（1）零模型；

（2）各向同性弹性模型；

（3）正交各向异性弹性模型；

（4）横观各向同性弹性模型；

（5）德鲁克-普拉格塑性模型；

（6）莫尔-库仑塑性模型；

（7）节理化塑性模型；

（8）应变强化/软化莫尔-库仑塑性模型；

（9）双线性应变强化/软化节理化塑性模型；

（10）双屈服塑性模型；

（11）修正的剑桥黏土模型。

在计算时可以根据具体工程以及实际情况来选取相应的材料模型，以比较真实地模拟实际材料的力学行为。此外，FLAC^{3D} 还为用户提供了自定义模型，用户可以根据自己的需要建立自定义的本构模型。

FLAC^{3D} 具有强大的结构单元模型，包括梁、锚索、桩、衬砌、三维壳体等，通过这些不同的结构单元，可以用来模拟岩体的加固行为。

3.1.2.3　FLAC^{3D} 材料特性

FLAC^{3D} 计算中所需要的材料特性基本分为两类，即变形特性和强度特性。由于岩土力学问题的复杂性，可知的现场数据相对来说十分有限，只能从现有的数据中选择适当的特性参数来进行问题的分析，因此材料特性参数的选择是非常困难和重要的。

FLAC^{3D} 在计算中所需要的材料特性参数，根据材料模型以及分析需要的不同所需的参数也不同。但是在 FLAC^{3D} 中，描述岩体的变形特性时常采用体积模量 K 和剪切模量 G，而并不采用弹性模量 E 和泊松比 μ，这是因为 FLAC^{3D} 认为体积模量和剪切模量所对应的材料

行为比弹性模量和泊松比所对应的更为基础。(E, μ) 与 (K, G) 可按下式转换:

$$\left. \begin{array}{l} K = \dfrac{E}{3(1 - 2\mu)} \\[3mm] G = \dfrac{E}{2(1 + \mu)} \end{array} \right\} \tag{3-13}$$

FLAC^{3D} 中的强度特性,主要是通过莫尔-库仑准则来描述材料的破坏行为,这一准则将剪切破坏面看作直线破坏面,即:

$$f_s = \sigma_1 - \sigma_3 N_\varphi + 2c\sqrt{N_\varphi} \tag{3-14}$$

式中　$N_\varphi = (1 + \sin\varphi)/(1 - \sin\varphi)$;

σ_1——最大主应力(压应力为负,拉应力为正);

σ_3——最小主应力;

φ——摩擦角;

c——内聚力。

当 $f_s < 0$ 时,表示进入剪切屈服。当主应力变为拉应力时,莫尔-库仑准则就失去其物理意义。因此,最小主应力 σ_3 不能超过岩体的单轴抗拉强度 σ^t,否则便进入拉伸屈服,按下式判断:

$$f_t = \sigma_3 - \sigma^t \tag{3-15}$$

当 $f_s > 0$ 时,表示进入拉伸屈服。根据莫尔-库仑准则的顶点限制,即 $\sigma^t_{max} = c/\tan\varphi$,其抗拉强度不能超过最小主应力 σ_3。

3.1.2.4 边界条件和初始条件

A 边界条件

数值分析中,由于建立的数值模型只是所研究地质体的一部分,为了用有限的网格模型去研究相对无限的地质体,必须施加一些边界条件。数值计算中的边界条件大体可以分为真实边界和人工边界两种,其中真实边界是存在于被模拟物体上的,比如地表面、巷道内表面等;而人工边界则是人为的施加的一些变量来模拟模型的边界条件,以形成封闭的网格,比如应力或位移。为了消除人工边界对模拟结果的影响,其必须位于不会影响材料行为的足够远的区域。

FLAC^{3D} 的边界条件按力学行为可分为应力边界条件和位移边界

条件两种。FLAC³ᴰ网格的边界在默认条件下是没有应力和任何约束的自由面，因此既可以在整体坐标系 x、y、z 方向上对整个模型施加应力边界，也可以在局部模型边界法线和切线方向上施加应力边界。

对于位移边界，由于 FLAC³ᴰ 不能直接控制位移，为了施加给定的位移，必须在给定的计算时步内施加边界速度。在给定位移边界条件时，既可以在全局坐标系下施加，也可以在局部坐标系下施加。

B 初始条件

地质体是一种预应力体，存在着一定的原岩应力。没有受任何扰动而处于天然赋存状态的原岩应力为初始应力，初始应力包括构造应力、自重应力等。FLAC³ᴰ 通过在其计算模型网格内设定初始条件来模拟岩体的初始应力。在没有足够的现场初始应力数据条件下，只能进行初始应力的大致计算。由岩体的自重产生的自重应力可根据海姆和金尼克定理来计算，即：

$$\left.\begin{array}{l} \sigma_y = \gamma h \\ \sigma_x = \sigma_z = \lambda \sigma_y \\ \lambda = \mu / (1 - \mu) \end{array}\right\} \tag{3-16}$$

式中 γ——上覆岩层平均重度；

　　　　h——埋深；

　　　　λ——侧压力系数；

　　　　μ——泊松比。

3.1.2.5 FLAC³ᴰ 计算结果

FLAC³ᴰ 模拟的是非线性体系随时间的发展，因此，不管体系是否稳定，都可以通过内置的一些指示器来评估数值模型的状态。在计算之后，可以得到应力、位移的等值线图，从这些图可以直观看出应力、位移等的分布特征。FLAC³ᴰ 内置的塑性指示器可以用来显示在应力超过屈服强度后所产生的塑性区分布特征，其中包括两种类型的破坏机制：剪切破坏和拉伸破坏，在塑性区分布图中，其用不同的颜色加以区别。

此外，FLAC³ᴰ 在计算过程中有着强大的跟踪记录功能，用 HIST

命令可以记录任何想要的位移、应力以及不平衡力等的变化情况，并可以绘制出相应的曲线图形。

FLAC^{3D}中规定拉应力为正，压应力为负，因此，其计算中得到的最大主应力是实际中的最小主应力，而计算中得到的最小主应力是实际中的最大主应力。

3.1.3 基于 ANSYS 平台的 FLAC^{3D} 建模

虽然 FLAC^{3D}有内置的网格生成器可以用来建立各种形状的计算模型，可以通过内置 Fish 语言进行网格调整，以及拥有专门的建模工具 3Dshop 来实现复杂地质条件的建模，但是使用 FLAC^{3D}的人都有一个感觉，即采用 FLAC^{3D}进行建模还是十分困难的，而且费时费力。为了实现 FLAC^{3D}建模的快速便捷化，有人编制了专门的建模工具来实现模型的快速自动生成[19]。

不管是有限元还是有限差分数值分析软件，其建模原理都是相同的，即将所研究的对象划分为许多具有一定形状和节点编制规则的微小单元体（面）。因此，可以采用其他有限元程序的强大建模功能来补充 FLAC^{3D}建模方面的不足[20]。

ANSYS 是一种大型通用有限元分析软件，有着强大的前处理，即建模功能，由于其充分综合了 CAD、CAE、CAM 等图像处理功能，因而可以轻松地实现复杂模型的三维建模和网格划分[21]。ANSYS 可以自上而下直接建立实体模型，也可以自下而上依次生成点、线、面和体，从而建立实体模型。ANSYS 具有强大的布尔运算工具，可以实现实体之间加、减、分类、搭接、粘接和分割等复杂运算，极大地提高了建立复杂地质体三维模型的效率。而对于实体模型的网格划分，ANSYS 提供了功能强大的控制工具，如单元大小和形状的控制、网格的划分类型（自由网格和映射网格）以及网格的清除和细化。此外，ANSYS 在建模和网格划分上，不但可以直接建立三维实体模型并划分网格，而且可以先建立二维模型并分网后，通过拉伸、旋转等操作实现三维模型的建立。最后，ANSYS 的所有单元及节点信息都可以轻松地获取，这为从 ANSYS 向 FLAC^{3D} 的转换提供了方便。

通过对 ANSYS 和 FLAC^{3D}单元和节点数据格式的对比，编写相应的数据格式转换程序，便可以将 ANSYS 的模型轻松地导入 FLAC^{3D}，从而实现 FLAC^{3D}建模的快速便捷化。

本书计算中所用到的所有 FLAC^{3D}数值模型，都是通过在 ANSYS 平台建立模型之后导入 FLAC^{3D}的，这大大提高了建模的速度和效率。

3.2 计算岩体力学参数估算

岩体力学参数是不同于岩石力学参数的，两者之间有着很大的差异，获得岩体的力学参数对于整个采矿工程来说是十分必要的，它是对该区域进行更深入研究的一个基础数据。

岩体是由结构面和结构体组成的裂隙体，其中存在着大量的褶皱、破裂结构面，局部还含有软弱夹层等地质构造，因此，岩体参数具有很强的结构性。由于岩体在其形成和后期的施工过程中常常受到不规则的多种复杂因素影响，岩体参数还表现出随机性和不确定性[22]。因此，岩体参数具有结构性和随机性的空间变异特征，该特征是导致岩体参数具有不确定性的根源。

岩体工程中的许多参数都属于区域化变量，其数值随空间位置的变化而变化，且具有结构性和随机性两个基本属性[23]。区域化变量可反映岩体参数不同程度的连续性、不同种类的变异性以及空间变化的可迁性等特征。因此，岩体的物理力学性质取决于结构面和结构体的力学性质及其空间分布组合特征。在岩体工程中，依据岩体参数的空间变异特征，科学合理地求出岩体参数值具有十分重要的意义。

对于岩体参数的获取，主要有现场原位试验、经验公式估算和数值计算三种方法。但是对于原位试验，由于岩体参数的空间变异特性，其试验结果的合理性往往取决于其空间位置选择的合理性。另外，原位岩体参数试验成本昂贵，耗时费力，是一般中小工程所无法承受的。

随着计算机技术的快速发展，各式各样的数值计算软件也随之出现，主要有有限元法[24~26]、神经网络法[27]等。以此可以根据一定的现场监测数据通过数值计算软件进行反分析[28~30]来获得相应的岩体参数。

目前最常用的岩体参数估算方法是经验公式法，主要有基于节理特征参数和完整的岩石单轴抗压强度的经验公式、基于岩体分类方法的经验公式和系数折减法。被广泛采用的方法主要有完整性系数（K_v）修正法、费森科法[31]、格吉法[32]以及霍克-布朗法[33]。文献[34，35]总结了现有方法，认为 Hoek-Brown 强度准则比较全面地反映了岩体结构等特征对岩体强度的影响，是发展最完善的方法。

但是应该清醒地认识到，地质岩体是很复杂的物体，我们不管采用什么方法都难以完全真实地了解和反映出岩体的天然性质，只能尽可能地使我们的计算结果去接近岩体的真实情况。

3.2.1 强度指标估算

由岩石强度指标弱化而获得岩体强度指标的工程处理方法很多。下面分别用 Z. T. Bieniawski 法以及 Hoek-Brown 法对岩体的强度指标估算进行介绍。

3.2.1.1 Z. T. Bieniawski 处理方法[36,37]

该法是依据节理岩体的 CSIR 分类估计岩体的内摩擦角和内聚力，见表3-1。

表 3-1 岩体分类与力学指标的关系

岩体分类	内聚力/MPa	内摩擦角/(°)
I	>3.05	≥45
II	2.04 ~ 3.05	40 ~ 50
III	1.53 ~ 2.04	35 ~ 40
IV	1.02 ~ 1.53	30 ~ 35
V	<1.02	<30

3.2.1.2 Hoek-Brown 处理方法

Hoek 和 Brown 根据自己在岩石性态方面积累起来的理论和实践经验，建立了岩体破坏的主应力关系，即著名的 Hoek-Brown 节理化岩体破坏准则[38]。通过准则，与 RMR 联系起来估计岩体的强度参数。

Hoek-Brown 准则有如下关系：

$$\sigma_1 = \sigma_3 + \sqrt{m\sigma_c\sigma_3 + s\sigma_c^2} \qquad (3\text{-}17)$$

式中 σ_1——破坏时的最大主应力；

σ_3——作用在岩体上的最小主应力；

m, s——岩石材料常数。

应用式（3-17）的关键是如何确定岩石材料参数 m 和 s 值。Hoek 和 Brown 将 RMR 分类系统引入到准则中来，提出用下式来估计材料常数 m 和 s 值。

对于扰动岩体：

$$m = \exp\left(\frac{\text{RMR} - 100}{14}\right)m_i$$
$$\qquad (3\text{-}18)$$
$$s = \exp\left(\frac{\text{RMR} - 100}{6}\right)$$

对于未扰动岩体：

$$m = \exp\left(\frac{\text{RMR} - 100}{28}\right)m_i$$
$$\qquad (3\text{-}19)$$
$$s = \exp\left(\frac{\text{RMR} - 100}{9}\right)$$

式中 m, s——岩体的材料参数；

m_i——完整岩石的 m 值，可由三轴实验结果决定。

Hoek 和 Brown 针对不同的岩石类型，给出了不同的 m_i 估算值[39,40]，见表 3-2。

表 3-2 不同类型岩石的 Hoek-Brown 常数 m_i 值

岩石类型	岩石性状	岩石化学特征	结 构			
			粗糙的	中等的	精细的	非常精细的
沉积岩	碎屑状		砾岩 22	砂岩 19	粉砂岩 9	泥岩 4
	非 碎	有机的		煤 8~21		
		碳化的	角砾岩 20	石灰岩 8~10		
	屑 状	化学的		石膏 16	硬石膏 13	

岩石类型	岩石性状	岩石化学特征	结 构			
			粗糙的	中等的	精细的	非常精细的
变质岩	非层状		大理岩 9	角页岩 19	石英岩 24	
	轻微层状		惩麻岩 30	闪石 25~31	糜棱岩 6	
	层状		片麻岩 33	片岩 4~8	千枚岩 10	板岩 9
火成岩	亮色的		花岗岩 33		流纹岩 16	黑曜岩 19
			花岗闪长岩 30		石英安山岩 17	
	暗色的		辉长岩 27	辉绿岩 19	玄武岩 17	
	火成碎屑状		砾岩 20	角砾岩 18	凝灰岩 15	

Hoek 于 1992 年对 Hoek-Brown 准则进行了进一步修正[41]，给出的更一般的表达式为：

$$\sigma_1 = \sigma_3 + \sigma_c \left(m_b \frac{\sigma_3}{\sigma_c} + s \right)^a \tag{3-20}$$

式中　m_b——岩体的 Hoek-Brown 常数；

其他符号意义同前。

Hoek 等人发现，原有的准则可以很好地反映完整性较好的岩体的破坏，但是对于完整性较差的比较破碎的岩体，并不能比较准确地反映其破坏情况。因此，又引入了一个新的指标，即地质强度指标 GSI（Geological Strengthe Index）[39]来估算岩体的参数。

GSI 与 m_b、s 和 a 的关系如下：

$$m_b = m_i \exp \left(\frac{GSI - 100}{28} \right) \tag{3-21}$$

当 GSI > 25 时，$a = 0.5$，

$$s = \exp \left(\frac{GSI - 100}{9} \right) \tag{3-22}$$

当 GSI < 25 时，$s = 0$，

$$a = 0.65 - \frac{GSI}{200} \tag{3-23}$$

但是，由 Hoek-Brown 定义的岩体地质强度指标 GSI 在确定岩体结构的划分时，岩体结构的描述缺乏定量化，即使只是在岩体结构的

一种形态描述中，由于缺乏定量化，也很难确定岩体的地质强度指标GSI。因此，为了使岩体结构的描述定量化，必须寻找可以定量化的参数来细定 GSI 值。岩体的体积节理数 J_v[42]，是地质工作和编录中容易得到的能够表述岩体破碎程度的参数，因此可以引进岩体的体积节理数来细定节理化岩体的地质强度指标 GSI[43]。由体积节理数细定的 Hoek-Brown 地质强度指标见表3-3。

表3-3 J_v 定量确定的 Hoek-Brown 地质强度指标 GSI

表面条件 / 岩体结构	非常好的(非常粗糙的新鲜的无风化的表面)	好的(粗糙的轻微风化的暗铁色表面)	比较好的(光滑的中等风化的表面)	差的(有擦痕面高度风化的具有密实或角状块体充填覆盖的表面)	非常差的(有擦痕面具有黏土质的软岩覆盖或充填的高度风化的表面)
块状（由三个正交的不连续面形成的相互连接很好的未扰动的立方块岩体）$J_v \leqslant 3$	$J_v=1$ 80 $J_v=2$ $J_v=3$	70			
非常块状（由四个或更多不连续面形成的具有多面角状部分扰动相互连接的块状岩体）$3 < J_v \leqslant 10$	$J_v=4$ $J_v=5$ $J_v=6$ $J_v=7$ $J_v=8$ $J_v=9$ $J_v=10$	60 50			
块状/褶曲（由许多相互交错的不连续面形成的具有角状块体的褶曲和（或）断层）$10 < J_v \leqslant 30$	$J_v=14$ $J_v=18$ $J_v=22$ $J_v=26$ $J_v=30$		40	30	20
碎块状（具有角状或圆形岩块的非常破碎的相互连接差的岩体）$J_v > 30$					10

当 $\sigma_1 = 0$，$a = 0.5$ 时，由式（3-20）可以得到岩体的抗拉强度：

$$\sigma_{mt} = \frac{\sigma_c}{2}(m_b - \sqrt{m_b^2 + 4s}) \tag{3-24}$$

闫长斌等人为克服 Hoek-Brown 公式的不足，引入岩体完整性系数 K_v，建立了自己的修正公式[44]：

$$\left. \begin{array}{l} m = \exp\left(\dfrac{RMR - 100}{K_m}\right)m_i \\[3mm] s = \exp\left(\dfrac{RMR - 100}{K_s}\right) \end{array} \right\} \tag{3-25}$$

式中　K_m，K_s——建立的修正系数：

$$\left. \begin{array}{l} K_m = 14(K_v + 1) \\[2mm] K_s = 3K_v + 6 \end{array} \right\} \tag{3-26}$$

式（3-26）以完整性系数 K_v 表征岩体受扰动程度。

K_v 在没有声波测试资料时，可按下式估算：

$$K_v = 1.087 - \frac{J_v}{42.3} \tag{3-27}$$

式中　J_v——体积节理数，条/m^3。

Mohr-Coulomb 强度准则认为岩体的强度主要与岩体的内聚力 c 和内摩擦角 φ 有关，而其最大和最小主应力 σ_1 和 σ_3 之间存在着线性关系，即：

$$\sigma_1 = \sigma_{mc} + k\sigma_3 \tag{3-28}$$

式中　σ_{mc}——岩体的抗压强度；

　　　k——线性关系斜率，$k = \dfrac{1 + \sin\varphi}{1 - \sin\varphi}$。

文献［39］通过大量三轴实验得出，在 $0 < \sigma_3 < 0.25\sigma_c$ 时，实验结果既符合 Hoek-Brown 准则也符合 Mohr-Coulomb 准则，因此，可以用 Mohr-Coulomb 准则的线性关系来表示 Hoek-Brown 准则。此时，由式（3-20）确定的不同的 σ_1 和 σ_3 可以用式（3-28）来回归得到岩体的抗压强度 σ_{mc} 和 k。

岩体的内摩擦角为：

$$\varphi = \sin^{-1}\left(\frac{k-1}{k+1}\right) \tag{3-29}$$

岩体的内聚力为：

$$c = \frac{\sigma_{mc}}{2\sqrt{k}} \tag{3-30}$$

3.2.2 变形模量估算

RMR 工程岩体分类系统之所以受到世界工程界的青睐，除了它考虑的因素全面和完善外，更重要的是它从系统建立一开始就与岩体的力学性质联系到一起，用来预测岩体的强度和变形，直接为工程服务，并且在工程实践中得到了逐步的发展和完善，建立了一整套预测强度和变形的关系式。

早在 1978 年，Bieniawski 就建立了 RMR 与岩体变形模量之间的关系式，用来估计岩体的变形模量，即：

$$E_m = 2RMR - 100 \tag{3-31}$$

当 RMR < 50 时，Serafim 和 Pereria 于 1983 年总结了许多工程实践经验，对上述关系补充了许多新的数据并建立了如下关系[45]：

$$E_m = 10^{\frac{(RMR-10)}{40}} \tag{3-32}$$

这种关系是建立在坝基变形反分析基础之上的，并且人们发现，对质量较好的岩体使用，情况较好；对许多质量较差的岩体，用该关系式计算的变形模量值偏离大。根据在质量较差的岩体中的实际观测及对开挖特性的反分析，对于 GSI < 25，σ_c < 100 的岩体，Hoek 对上述公式做出如下修正[39]：

$$\left. \begin{aligned} E_m &= 10^{\frac{(GSI-10)}{40}} \\ E_m &= \sqrt{\frac{\sigma_c}{100}} 10^{\frac{(GSI-10)}{40}} \end{aligned} \right\} \tag{3-33}$$

对于质量较差的岩体（GSI < 25），岩芯长度很少有超过 10cm 的，因此很难找到一个可靠的 RMR 值，此时唯有用 GSI 法来评估较

好。对于质量较好的岩体（GSI > 25），Hoek、Kaiser 和 Brown 建立了 GSI 值与 RMR 值之间的关系式[46]：

对于 $RMR_{76} > 18$：$GSI = RMR_{76}$；

对于 $RMR_{89} > 23$：$GSI = RMR_{89} - 5$。

RMR_{76} 和 RMR_{89} 是 Bieniawski 的 1976 年和 1989 年分类系统值。

3.3 工程岩体稳定性分级

3.3.1 岩体分级方法研究进展

工程岩体稳定性分级是评价工程岩体稳定性的前提，也是对工程岩体稳定性的一个宏观评价。对矿山地下开采来说，对主要岩体进行稳定性分级，将会对采矿方法的选择、巷道布置位置的选择以及巷道的支护具有重要的指导意义。对于岩体稳定性分级方法，国内外进行了大量的研究，提出了众多的分级方法，而每种分级方法又各有优劣。目前进行岩体稳定性分级的主要方法有俄罗斯学者提出的岩石坚固性系数（普氏系数）分类法，美国伊利诺斯大学的 Deere 等人提出的岩体质量指标 RQD 值分类法，美国威克汉姆提出的 RSR 分类法，南非 Bieniawski 建立的工程岩体 RMR 分类系统[47,48]，挪威学者 Barton 提出的综合指标 Q 系统[49]，东北大学林韵梅教授提出的围岩稳定性动态分级方法[50]，金川公司提出了 J-Q 综合分析法等。由于影响岩体分级的诸多因素错综复杂，目前在岩体稳定性分级研究方面，已从单一指标分级发展到多因素多指标或综合指标分级。而随着概率与数理统计、聚类分析、可靠性分析、模糊数学等近代数学的发展和广泛应用，岩体稳定性分级也从单纯的现象学分类向与数学方法相结合的方向发展，如利用模糊理论进行的综合评判[51~53]，利用灰色理论进行的岩体稳定性分级[54~56]，根据物元理论进行的岩体稳定性评价[57]，以及采用风险评价法进行的岩体稳定性分级[58]等。神经网络系统的迅速发展，也在岩体稳定性分级中得到了应用[59]。

由于各种分级方法在分级原则、标准和指标测试方法上都不尽相同，在评价岩体稳定性级别时会出现矛盾和混乱，为此，我国编制了

《工程岩体分级标准》（GB 50218—94）[60]，作为各行业同类标准的基础，得到了广泛应用[61,62]。

3.3.2 主要岩体分级方法

3.3.2.1 RQD 值分级法

岩石质量指标 RQD 值是由美国伊利诺斯大学的迪尔（Deere）于 1967 年提出的。40 多年来，作为反映工程岩体完整程度的定量参数，该指标被广泛应用于各种工程岩体的稳定性评价。目前，国内外许多岩体工程规范、规程都以 RQD 值指标作为最重要的分类参数，可以认为，RQD 值是岩石力学理论研究和工程实践中应用最频繁的术语之一。RQD 值为岩芯长度等于或大于 10cm 的岩芯累计长度与钻进总长度之比，即：

$$RQD = \frac{10cm 以上岩芯累计长度}{岩芯累计总长度} \times 100\% \qquad (3-34)$$

RQD 值反映了岩体被各种结构面切割的程度。由于指标意义明确，可在钻探过程中附带得到，又属于定量指标，因而在矿山的总体设计以及巷道的设计中有较好的应用。该方法依据 RQD 值的判据将岩体划分为五级，见表 3-4。

表 3-4 RQD 分级指标

指 标	100 ~ 90	90 ~ 75	75 ~ 50	50 ~ 25	25 ~ 0
分 级	I	II	III	IV	V
描 述	很 好	好	较 好	差	很 差

Palmstrom 提出，在没有岩芯资料但在地表露头或探硐中可以看到不连续面时，岩石质量指标的值也可以通过单位体积内节理数（不连续面）来估计，对于不含黏土的岩体的换算关系为：

$$RQD = 115 - 3.3J_v \qquad (3-35)$$

式中 J_v——每 $1m^3$ 中的总节理数，又称为体积节理数。

岩石质量指标是一个与方向有关的参数，其值的变化可能很大，取决于钻孔的方向，而使用体积节理数概念在减少该参数的方向性影响方面非常有用。

岩石质量指标试图反映现场的岩体质量，用金刚石钻具钻取岩芯时，必须小心以保证由操作或钻进产生的破裂在确定岩石质量指标时能被鉴定出来。当将 Palmstrom 方程用于根据露头测绘估计 J_v 时，不应包括爆破产生的破裂面。

3.3.2.2 RMR 分级法

南非学者 Bieniawski 1973 年首次提出用岩体质量指标 RMR(Rock Mass Rating)来进行岩体分级，并于 1976 年根据主要从南非沉积岩中进行地下工程开挖所得到的数据提出了分级法，因其最早用于南非，故又称为南非地质力学分级法（CISR）。后来该分级法经过许多实例验证和修改，形成了 Bieniawski 1989 年的通用版本。该方法采用完整的岩石强度、岩石质量指标 RQD、节理间距、节理状态和地下水条件 5 个分级参数。该法分三步进行，第一步是根据矿山岩体的性质参照 Bieniawski 提供的确定各级判据的表格，获得各单个参数的得分值，把单项得分值累加起来可得岩体的总分值，按总分值评价岩体属于哪一级别，得分值越大表示岩体质量越好；第二步是按裂隙产状对不同工程的影响程度修正岩体的总分值；第三步可根据作者建议岩体工程围岩分类表来预测围岩的自承时间以及开挖性质等，并以此作为设计施工依据。表 3-5 给出了节理岩体的岩石力学分类表。

表 3-5 节理岩体的岩石力学分类（RMR）表（Bieniawski, 1989）

A 分类参数及其指标

参 数			数 值 范 围					
1	完整岩石材料的强度/MPa	点荷载强度	>10	4~10	2~4	1~2	对于低值范围宜用单轴抗压强度	
		单轴抗压强度	>250	100~250	50~100	25~50	5~25	1~5	<1
	指 标		15	12	7	4	2	1	0
2	岩芯质量 RQD/%		90~100	75~90	50~75	25~50	<25		
	指 标		20	17	13	8	3		

	参　数			数　值　范　围			
3	节理间距/m	>2	0.6~2	0.2~0.6	0.06~0.2	<0.06	
	指　标	20	15	10	8	5	
4	节理状态	表面很粗糙、不连续、无间隙、无风化围岩	表面微粗糙、间隙<1mm、微风化围岩	表面微粗糙、间隙<1mm、高度风化围岩	镜面或泥质夹层,厚度<5mm,或节理张开度1~5mm,连续展布	软泥质夹层,厚度>5mm,或节理张开度>5mm,连续展布	
	指　标	30	25	20	10	0	
5	地下水	每10m隧道涌水量/L·min⁻¹	无	<10	10~25	25~125	>125
		节理水压力与最大主应力之比	0	0~0.1	0.1~0.2	0.2~0.5	>0.5
		一般条件	完全干燥	较干燥	潮湿	滴水	流水
		指　标	15	10	7	4	0

B　节理方向的指标修正

	节理的走向与倾向	很有利的	有利的	中等的	不利的	很不利的
指标	隧道	0	−2	−5	−10	−12
	地基	0	−2	−7	−15	−25
	边坡	0	−5	−25	−50	—

C　根据总指标确定岩体分级

指标	100~81	80~61	60~41	40~21	<21
分级	Ⅰ	Ⅱ	Ⅲ	Ⅳ	Ⅴ
描述	很好的岩体	好岩体	中等岩体	差岩体	很差岩体

D　岩体分类的意义

分类	Ⅰ	Ⅱ	Ⅲ	Ⅳ	Ⅴ
平均自立时间	15m跨度可达20年	10m跨度可达1年	5m跨度可达1周	2.5m跨度可达10h	1m跨度可达30min
岩体黏结力/kPa	>400	300~400	200~300	100~200	<100
岩体摩擦角/(°)	>45	35~45	25~35	15~25	<15

E 不连续结构面分类表

不连续结构面长度(延展性)/m	<1	1~3	3~10	10~20	>20
评 分	6	4	2	1	0
张开度/mm	无	<0.1	0.1~1.0	1~5	>5
评 分	6	5	4	1	0
粗糙度	很粗糙	粗 糙	轻微粗糙	光 滑	摩擦镜面
评 分	6	5	3	1	0
充填物	无	坚硬充填物<5mm	坚硬充填物>5mm	软弱充填物<5mm	软弱充填物>5mm
评 分	6	4	2	2	1
风化作用	未风化	微风化	弱风化	强风化	分解
评 分	6	5	3	1	0

F 隧道中不连续结构面的走向和倾角的影响

走向与洞轴线垂直		走向与洞轴向平行	
掘进方向与倾向一致,倾角45°~90°	掘进方向与倾向一致,倾角20°~45°	倾角45°~90°	倾角20°~45°
非常有利	有利	很不利	一般
掘进方向与倾向相反,倾角45°~90°	掘进方向与倾向相反,倾角20°~45°	倾角0°~20°不考虑走向	
一般	不利	一般	

Bieniawski 的地质力学分级方法,是采用多因素得分,然后求其代数和(RMR 值)来评价岩体质量的。参与评分的 6 个因素是:(1)岩石单轴抗压强度;(2)岩石质量指标 RQD;(3)节理间距;(4)节理性状;(5)地下水状态;(6)节理产状与巷道轴线的关系。1989 年的修正版不但对评分标准进行了修正,而且对第 4 项因素进行了详细分解,即节理性状包括:(1)节理长度;(2)间隙;(3)粗糙度;(4)充填物性质和厚度;(5)风化程度。结合矿区实际,对矿区岩体可采用前 5 项因素得分,再根据第 6 项因素进行修正,按表 3-6 评价岩体级别。

表 3-6 由 RMR 值确定的岩体级别

RMR 总评分	100 ~ 81	80 ~ 61	60 ~ 41	40 ~ 21	<21
岩体级别	I 级	II 级	III 级	IV 级	V 级
评 价	优	良	中	差	劣

3.3.2.3 Q 系统分级方法

Q 系统为挪威隧道施工法（Norwegian Method of Tunneling, NMT）的核心，该方法起源于挪威并已广泛应用于工程岩体评价。该系统最早由 Barton 等人根据 212 隧道案例提出，Q 系统分级考虑的因素与 Bieniawski 的 RMR 分级方法考虑的因素比较接近，但是它采用的得分计算方法却是乘积法，即对 6 个因素进行如下的计算：

$$Q = \frac{RQD}{J_n} \cdot \frac{J_r}{J_a} \cdot \frac{J_w}{SRF} \tag{3-36}$$

式中　RQD——岩石质量指标；

　　　　J_n——节理组数系数；

　　　　J_r——节理粗糙度系数（最不利的不连续面或节理组）；

　　　　J_a——节理蚀变度（变异）系数（最不利的不连续面或节理组）；

　　　　J_w——节理渗水折减系数；

　　　　SRF——应力折减系数。

上述参数中，RQD 与 J_n 之比值可粗略表示岩石的块度；J_r 与 J_a 之比值表示嵌合岩块的抗剪强度；SRF 可表示为：（1）剪动带与夹软弱黏土的岩石松弛所造成的荷重；（2）坚实岩盘的岩石应力；（3）非坚实岩盘的总应力参数，而 J_w/SRF 值反映岩石的主动应力。由于 J_r 与 J_a 系针对节理组成可能引致破坏发生的不连续面来评定，因此 Q 系统已隐含了弱面方位与隧道方向的重要影响。根据它的得分按表 3-7 划分岩体级别。

表 3-7 由 Q 值确定的岩体级别

Q 值	>40	40 ~ 10	10 ~ 4	4 ~ 1	<1
岩体级别	I 级	II 级	III 级	IV 级	V 级
评 价	优	良	中	差	劣

3.3.2.4 RSR 岩体结构等级分类法

威克汉姆在 1972 年曾提出了一种比较全面的岩体分级的方法。该方法充分考虑了岩体结构特性和状况，并给出具体参数的定量指标 RSR。岩石的等级即是由定量指标 RSR 来划分：

$$RSR = A + B + C \tag{3-37}$$

式中 A——表征岩体种类和地质构造特征的参数；

B——表征沿掘进方向的节理类型的参数；

C——表征地下水对节理状况影响的参数。

对某一地质剖面而言，RSR 值是参数 A、B 和 C 的总和，它反映了岩体结构的质量。

参数 A 是一项评价隧道轴线所穿过的岩体的结构状况的参数，它与隧道的开挖尺寸无关，也与其施工措施和支护手段无关。在工程建设前期，需要进行规范化的地质勘察获取有关的地质构造特征的资料，以用来确定参数 A 的取值。

参数 B 是与节理类型（走向、倾角和节理间距）和掘进方向有关的参数，一般地质调查或地质图都会给出岩层的走向和倾角，据此，可得到岩层的有关节理类型参数的近似值。相应的隧道掘进方向是由工程规划所确定，通常可使用地质资料提供的岩层节理特征并预先选用几种工程布置（隧道走向）取得节理间距估算的平均值，如节理密度或岩体块度分析、岩芯分析或 RQD（岩石质量指标）等地质资料，并结合考虑岩层产状和掘进方向的影响。

参数 C 是一项影响支护量级的地下水流动估计参数，它考虑如下因素：（1）岩体结构性所有质量，即 $A + B$ 之和表示的数值；（2）节理面的状况；（3）地下水的渗出量。在预测地层的水文地质条件时，分析地下水流动情况应结合抽水试验、当地水井情况、地下水位、地表水文、地形和降雨量等因素综合考虑。评价节理面的状况特征，应考虑地表情况、地质历史、钻孔岩芯取样等方面的情况综合分析。对于某一地质剖面而言，RSR 值是参数 A、B、C 的总和，此值范围一般在 25 ~ 100 之间，反映了岩体结构的质量。隧道穿过的每一特别地层的结构特性都应予以分别分析与评价，从而得到相应的

RSR 值。

根据所得的岩体 RSR 值，可由下式估算岩体荷载：

$$W_r = \frac{D}{302}\left(\frac{6000}{RSR + 8}\right) - 70 \qquad (3-38)$$

式中 W_r——岩体荷载；

D——开挖直径；

RSR——岩体结构等级。

一旦得到了 W_r 的值，便可应用荷载-结构法进行地下结构的设计。

3.3.2.5   中华人民共和国国家标准 BQ 分级

为了建立统一的评价岩体工程稳定性的分级方法，为岩石工程建设的勘测、设计、施工和编制定额提供必要的基本依据，1995 年国家颁发了统一实施的《工程岩体分级标准》（GB 50218—94）。该分级标准考虑了岩体结构特征、岩体的完整性、岩石强度、初始地应力及地下水等因素，采用定性与定量相结合的方法，先根据岩体完整性及结构特性等，获得岩体的基本质量 BQ 指标，由 BQ 指标进行岩体基本质量的分级和评价；再考虑岩体初始应力及巷道轴线与岩体结构面的组合关系，对基本指标 BQ 予以修正，得到岩体质量指标修正值 [BQ]；最后据 [BQ] 可得出岩体工程分级。该分级方法适用于各类岩石工程的岩体分级。

BQ 分级以岩石坚硬程度和岩体完整程度来衡量岩体的基本质量。岩石坚硬程度以岩石单轴饱和抗压强度（R_c）来划分；而岩体完整程度则采用岩体完整性系数（K_v）来表示。通过定性及定量的划分岩体的基本质量级别，岩体基本质量指标（BQ）可按如下公式计算：

$$BQ \doteq 90 + 3R_c + 250K_v \qquad (3-39)$$

式中 R_c——单轴饱和抗压强度，MPa；

K_v——岩体完整性指数，岩体弹性纵波速度与岩石弹性纵波速度之比的平方，$K_v = \left(\dfrac{v_{pm}}{v_{pr}}\right)^2$；$K_v$ 常采用实测值，当无条件取得实测值时，也可用岩体体积节理数 J_v 按表3-8确定对应的 K_v 值。

表 3-8　岩体完整程度划分 J_v 与 K_v 对照表

J_v/条·m^{-3}	<3	3~10	10~20	20~35	>35
K_v	>0.75	0.75~0.55	0.55~0.35	0.35~0.15	<0.15
完整程度	完整	较完整	较破碎	破碎	极破碎

但是在使用式（3-39）时，必遵守下列两个条件：

（1）当 $R_c > 90K_v + 30$ 时，以 $R_c = 90K_v + 30$ 和 K_v 代入公式计算 BQ 值；

（2）当 $K_v > 0.04R_c + 0.4$ 时，以 $K_v = 0.04R_c + 0.4$ 和 R_c 代入公式计算 BQ 值。

岩体体积节理数 J_v 是指单位岩体体积内的节理（结构面）数目，即：

$$J_v = S_1 + S_2 + \cdots + S_n + S_k \qquad (3\text{-}40)$$

式中　S_n——第 n 组节理每 1m 长测线上的系数；

　　　S_k——每 1m^3 岩体非成组节理系数。

该岩体分类法还引入了其他因素，如地下水、主要软弱结构面与隧道轴线的组合关系、初始地应力状态、爆破震动等对 BQ 指标有影响的修正因素，岩体基本质量指标修正值 $[BQ]$ 可按下式计算：

$$[BQ] = BQ - 100(K_1 + K_2 + K_3 + K_4) \qquad (3\text{-}41)$$

式中　$[BQ]$——岩体基本质量指标修正值；

　　　BQ——岩体基本质量指标；

　　　K_1——地下水影响修正系数；

　　　K_2——主要软弱结构面产生影响修正系数；

　　　K_3——初始应力状态影响修正系数；

　　　K_4——爆破震动影响修正系数。

取得岩体基本质量指标 BQ 或岩体基本质量指标修正值 $[BQ]$ 后，即可根据 BQ（或 $[BQ]$）指标按表 3-9 对岩体进行分级。

表 3-9 岩体基本质量分级标准

基本质量级别	岩体基本质量的定性特征	岩体的基本质量指标 Q
I	岩石极坚硬，岩体完整	>550
II	岩石极坚硬~坚硬，岩体较完整； 岩石较坚硬，岩体完整	550~450
III	岩石极坚硬~坚硬，岩体较破碎； 岩石较坚硬或软硬互层，岩体较完整； 岩石为较软岩，岩体完整	450~350
IV	岩石极坚硬~坚硬，岩体破碎； 岩石较坚硬，岩体较破碎~破碎； 岩石较软或软硬互层（软岩为主），岩体较完整~较破碎； 岩石为软岩，岩体完整~较完整	350~250
V	岩石为较软岩，岩体破碎； 岩石为软岩，岩体较破碎或破碎； 岩石全部为极软岩或极破碎岩	<250

应该注意的是，本岩体分类标准作为通用的基础标准，难以将所有影响因素都考虑进去，更难以全面照顾各行业的特殊需要。因此，在采用本岩体分类标准时，往往还需结合有关行业的分类标准，采用几种分级方法进行对比和综合分析，以确定适合的岩体级别。

参 考 文 献

[1] Kassirova N A. Evaluation of the efficiency of methods of removing external water pressure from underground structures[J]. Power Technology and Engineering January, 2002: 41~47.

[2] Jacques Delouvrier, Jacques Delay. Multi-level groundwater pressure monitoring at the Meuse/Haute-Marne Underground Research Laboratory, France[J]. Lecture Notes in Earth Sciences, 2004, 104: 377~384.

[3] 邱祥波, 等. 3-D FLAC 在公路隧道风机洞室稳定性分析中的应用[J]. 岩土力学, 2003, 24(5): 751~754.

[4] 杨典森, 等. 龙滩地下洞室群围岩稳定性分析[J]. 岩土力学, 2004, 25(3): 391~395.

[5] Exadaktylos G E, Stavropoulou M C. A closed-form elastic solution for stresses and displacements around tunnels[J]. Int. J. Rock Mech. Min. Sci, 2002: 905~916.

[6] Kirzhner F, Rosenhouse G. Numerical analysis of tunnel dynamic response to earth motions [J]. Tunnelling and Underground Space Technology, 2000, 15(3): 249~258.

[7] 刘春玲, 等. 利用 FLAC3D 分析某边坡地震稳定性[J]. 岩石力学与工程学报, 2004, 23(16): 2730~2733.

[8] 林忠明, 等. 眼前山铁矿边坡稳定性 FLAC 模拟与损伤分析[J]. 岩石力学与工程学报, 2002, 21(增2): 2393~2398.

[9] Griffiths D V, Lane P A. Slope stability analysis by finite elements[J]. Geotechnique, 1999, 49(3): 387~403.

[10] Dawson E M, Roth W H, Drescher A. Slope stability analysis by strength reduction[J]. Geotechnique, 1999, 49(6): 835~840.

[11] 吴贤振, 饶运章. FLAC3D 软件在优化深部高硫高品位矿体采场结构参数中的应用 [J]. 有色金属, 2004, 56(6): 13~15.

[12] 朱建明, 等. FLAC 有限差分程序及其在矿山工程中的应用[J]. 中国矿业, 2000, 9(4):78~82.

[13] 尹尚先, 汪益敏. 采矿工作面推进的准动态 FLAC 模拟[J]. 华南理工大学学报, 2003, 31(增): 124~126.

[14] 党建印, 等. FLAC 在东坪金矿空区处理中的试验研究[J]. 有色矿冶, 2001, 17(6): 5~8.

[15] 王树仁, 等. 大倾角厚煤层综放采场应力与变形破坏特征的三维数值分析[J]. 中国矿业, 2004, 13(7): 69~72.

[16] 王家臣, 等. 金川镍矿二矿区矿石自然崩落规律研究[J]. 中国矿业大学学报, 2000, 29(6): 596~600.

[17] Itasca Consulting Group, Inc. FLAC3D (Fast Lagrangian Analysis of Continua in 3D) Version2.10, Users Manual[M]. USA: Itasca Consulting Group, Inc., 2002.

[18] 刘波, 韩彦辉. FLAC 原理、实例与应用指南[M]. 北京: 人民交通出版社, 2005.

[19] 胡斌, 张倬元, 黄润秋, 等. FLAC3D 前处理程序的开发及仿真效果检验[J]. 岩石力学与工程学报, 2002, 21(9): 1387~1391.

[20] 廖秋林, 等. 基于 ANSYS 平台复杂地质体 FLAC3D 模型的自动生成[J]. 岩石力学与工程学报, 2005, 24(6): 1010~1013.

[21] 陈晓霞. ANSYS7.0 高级分析[M]. 北京: 机械工业出版社, 2004.

[22] 周维垣. 高等岩石力学[M]. 北京: 水利电力出版社, 1993.

[23] 仇圣华, 等. 地质统计学理论在岩体参数求解中的应用[J]. 岩石力学与工程学报, 2005, 24(9): 1545~1548.

[24] 薛廷河, 等. 基于计算机数值模拟技术确定围岩岩体力学参数的探讨[J]. 浙江交通职业技术学院学报, 2003, 4(2): 5~9.

[25] 杨学堂, 等. 裂隙岩体宏观力学参数数值仿真模拟研究[J]. 水力发电, 2004, 30(7): 14~16.

[26] 陈志坚, 等. 样本单元法及块状裂隙岩体力学参数的确定[J]. 岩土工程技术, 2001(4): 244~247.

[27] 冯建龙, 张孟喜. BP网络在双连拱隧道围岩参数反分析中的应用[J]. 上海大学学报(自然科学版), 2005, 11(3): 293~297.

[28] 李国会, 等. 岩体力学参数智能反演综述[J]. 科技论坛, 2004(12): 21~23.

[29] 刘军熙, 等. 基于试验的岩坡滑动面力学参数反演[J]. 防灾减灾工程学报, 2005, 25(3): 266~268.

[30] 张乐文, 等. 岩体参数反演计算的稳定性研究[J]. 土木工程学报, 2005, 38(5): 82~86.

[31] 李胡生, 熊文林. 岩体力学参数的工程模糊处理[J]. 水利学报, 1994(1): 76~85.

[32] Gergi M. On the valuation of strength and resistance condition of the rock in natural rock mass [C]//Proceedings of the Second Congress of the International Society for Rock Mechanics. Belgrade: Yugoslavian Science Press, 1970: 365~374.

[33] Hoek E. Practice Rock Engineering[M]. Rotterdam: A. A. Balkema, 2000.

[34] Helgstedt A. An assessment of the in-situ shear strength of rockmasses and discontinuities [J]. Trans. Instn. Min. Metall, 1997, 105: 37~47.

[35] Sheorey P R. Empirical Rock Failure Criteria[M]. Rotterdam: A. A. Balkema, 1997.

[36] Bieniawski Z T. Geomechanics classification of rock masses and its application in tunneiling [C]// Proc. Third International Congress on Rock Mechanics, ISRM, Denver, Vol. 11A, 1974: 27~32.

[37] Bieniawski Z T. Rock mass classification in rock engineering [C]// Bieniawski Z T. Proceeding of Symposium on Exploration for Rock Engineering. Rotterdam (Holland): A. A. Balkema, Vol. 1, 1976: 97~106.

[38] Hoek E, Brown E T. Empirical strength criterion for rock masses[J]. Journal of Geotechnical and Geoenvironmental Engineering, 1980, 106(GT9): 1013~1035.

[39] Hoek E, Brown E T. Practical estimates of rock mass strength[J]. Int. J. Rock Mech. and Min. Sci., 1997, 34(8): 1165~1187.

[40] Barton N. Suggested method for the quantitative description of discontinuities in rock mass [J]. Int. J. Rock Mech. and Min. Sci., 1978, 15(6): 319~368.

[41] Hoek E, Wood D, Shah S. A modified Hoek-Brown criterion for jointed rock masses [C]// Hudson J A. Proc. Rock Characterization, Symp. Int. Soc. Rock Mech. Eurock'92, London,

Brit. Geotech. Soc, 1992: 209~214.

[42] 胡修文,胡盛明,卢阳,等. 岩体体积节理数的统计方法及其在围岩分级中的应用[J]. 长江科学院院报,2010,27(6):30~34.

[43] 韩凤山. 大体积节理化岩体强度与力学参数[J]. 岩石力学与工程学报,2004,23(5):777~780.

[44] 闫长斌,徐国元. 对 Hoek-Brown 公式的改进及其工程应用[J]. 岩石力学与工程学报,2005,24(22):4030~4035.

[45] Serafim J L, Pereira J P. Consideration of the geomechanical classification of Bieniawski[C]//Proc. Int. Symp. on Engineering Geology and Underground Construction, Lisbon 1(Ⅱ), 1983: 33~44.

[46] Hoek E, Kaiser P K, Bawden W F. Support of underground excavation in hard rock, 1995.

[47] Bieniawski Z T. Engineering Rock Mass Classification[M]. Znc: John Wiley & Sons, 1989, 1~105.

[48] Bieniawski Z T. Classification of rock masses for engineering: the RMR system and future trends[C]//Hudson J A, Hoek E. Comprehensive Rock Engineering. New York: Pergamon, 1993(3): 553~573.

[49] Barton N, Lien R, Lunde J. Engineering classification of rock masses for the design of tunnel support[J]. Rock Mech. , 1974, 6(4): 183~236.

[50] 林韵梅,费寿林,王明林,等. 岩石分级的理论与实践[M]. 北京:冶金工业出版社,1996.

[51] 费为进,经苏龙. 多级模糊分级聚类法在地下工程围岩稳定性分类中的应用[J]. 勘察科学技术,2002(1):20~25.

[52] 白明洲,王家鼎. 地下洞室中裂隙岩体围岩稳定性研究的模糊信息优化处理方法[J]. 成都理工学院学报,1999,26(3):291~294.

[53] 苏永华,颜立新,孙颜峰,等. 模糊综合评判法及其在岩体分类中的应用[J]. 矿冶,2000,9(4):6~9.

[54] 冯玉国. 灰色优化理论模型在地下工程围岩稳定性分类中的应用[J]. 岩土工程学报,1996,18(3):62~66.

[55] 杨仕教,古德生,等. 丰山铜矿北缘采区矿岩稳定性分级的灰色聚类方法研究[J]. 矿山研究与开发,2004,2(1):14~16.

[56] 陈星明. 灰靶分析在岩体稳定性分级评价中的应用[J]. 西南科技大学学报,2005,20(1):24~26.

[57] 李富平,刘善军. 岩体稳定性评价的物元分析法[J]. 黄金,1998(2):27~29.

[58] 胡全舟,吴超,陈沅江. 风险评价方法在地下工程围岩稳定性分级中的应用[J]. 地下空间与工程学报,2005,1(6):874~877.

[59] 曹庆林. 用神经网络方法预测围岩类别[J]. 冶金矿山设计与建设,1994(5):

12 ~ 14.

［60］中华人民共和国水利部. GB 50218—94 工程岩体分级标准［S］. 1995.

［61］田昌贵，陈世华. 工程岩体分级标准在地下采矿工程中的应用［J］. 采矿技术，2005，
5(4)：89 ~ 93.

［62］李云林，蔡斌. "工程岩体分级"国家标准在高坝洲工程的应用［J］. 长江科学院院
报，1994，11(3)：31 ~ 40.

4 中厚矿体开采地压分布规律研究

中厚矿体回采中要保证沿脉巷道或回采巷道的稳定性，若巷道坍塌，将导致大量矿石不能进行正常回收，进而影响采矿作业的连续性。对于矿岩不稳固或应力破坏严重的矿区开采，为了保证其巷道的稳定性，主要有两种处理方式，其一加强支护，提高支护等级；其二进行卸压并支护，即采取一定的卸压措施使巷道处于应力降低区，然后根据卸压后的巷道稳固性情况再进行支护。加强支护等级将会大量增加开采成本，而且在一些受应力作用破坏严重的地方并不能完全控制巷道的变形和破坏。因此，通过卸压开采方式来降低巷道部位的应力水平并实现正常的回采目标相比提高支护等级要理想的多。要实现中厚矿体卸压开采的目标，就要了解回采前后的岩体应力场变化规律和分布特征。通过对中厚矿体开采形式下引起的岩体应力场变化规律及分布特征的分析，不但可以研究中厚矿体卸压开采的机理和方法，而且可以对卸压开采方法的采场结构布置及结构参数的确定起到一定指导作用，尤其对于无底柱分段崩落法卸压开采的中厚矿体采场布置及结构参数的确定更具指导作用。

4.1 数值计算模型建立

4.1.1 计算模型简化

矿床的地下开采是一个对岩体的不断开挖过程，这个过程包括巷道掘进、钻孔以及大量崩落矿石等，而任何一项在岩体中的施工活动都会影响到岩体应力场的分布状态。不同的矿山，其岩体性质变化较大；即便同一个矿山，其岩体的空间变异性也很大，这也会影响岩体应力场的分布状态。而其他如爆破震动、地下水位变化、温度场变化等也会影响到岩体应力场的变化及其分布规律。

研究中厚矿体卸压开采机理问题时，只考虑不同的采场结构布置形式、开采方式以及回采空区的分布状况对岩体应力场分布规律的影响。为此，需要对地质体及回采工艺做出相应的简化和假设。

目前所有的数值计算问题都是在一系列简化和假设条件下进行的分析，因此，在研究开采对岩体应力场的影响时，也在数值模型的建立及计算中做出了如下简化和假设。

（1）假设岩体为连续的、均质的、各向同性的介质。岩体属于各向异性的非均质材料，从微观上说，岩石的组织结构是非均匀的，只是不同的岩石类型其各向异性程度不同而已；从宏观上说，岩体是由结构面和结构体组成的裂隙体，其结构面和结构体的空间切割、组合程度以及排列方式不同，导致了岩体的各向异性。此外，从宏观上说，大量裂隙的存在，以及空间不同程度切割，使得岩体成为一种不连续体。在采用数值计算方法分析岩体应力场时，无法考虑岩体的这些特性，只能将其简化为连续的、均质的各向同性材料。

（2）初始条件以自重应力为主。岩体是一种预应力体，存在着一定的初始应力，而初始应力场的形成受到多种因素的影响，初始应力场也是多种应力场的组合，只是在不同的地区构成初始应力场的各个应力的大小和比例不同。本研究中主要考虑自重应力场即以自重应力场为主，并且垂向应力大于水平应力的中厚矿体开采中的应力场变化规律和分布特征。

（3）岩体类型简化。构成区域地质体的岩体类型不是单一的，而且不同类型的岩体在空间的产状、厚度、长度等都是变化的，要准确了解不同类型岩体的空间分布特征是比较困难的，因此将计算模型的岩体类型及其产状进行简化是十分必要的。简化后只考虑靠近矿体的一种或几种岩体类型，这样可以减少模型的复杂性并加快计算速度。

（4）地质条件简化。首先，地质体是一种裂隙体，存在着大量软弱结构面，其分布及贯通性在空间中有着极大的随机性和不确定性，因此在建立数值模型时将这些结构面进行简化，只考虑其对岩体参数的弱化，而在模型中并不考虑。其次，矿区地质体并不是除节理裂隙外非常完整的岩体，其往往受到先期施工过程中的各种破坏，并形成各种钻孔、巷道、硐室和空区，在不作特定的研究时，将这些影响因素忽略或简化。此外，岩体应力场的变化还受到地下水、温度等的影响，但是在矿床进行地下开采时，需要超前钻孔放水，从而使所有的回采工作都在地下水位线以上进行，因此本研究数值计算中并不考虑地下水的影响，也不考虑温度场的耦合计算，只考虑开采引起的岩体应力场变化规律和分布特征。

（5）开采过程简化。金属矿床地下开采包括多个岩体开挖过程，有开拓、采准、切割和回采四大步骤，每个步骤内又有多个施工环节，而每一个环节都会引起岩体应力场的变化。在研究卸压开采时，需要了解的是一个或几个分段回采后的岩体应力场分布情况，因此，这里将整个开采过程简化为对岩体的一次开挖过程进行计算。

4.1.2 数值计算方案及模型

在研究卸压开采时，需要根据不同的回采方式和回采空区范围及回采空区形态来分析卸压分段回采后，其以下分段主要巷道等关键部位的应力变化规律和变化范围，以及整个区域的岩体应力的分布特征。

设计三种崩落法卸压开采数值计算方案，来分析回采后的应力分布和变化规律。

方案1：空区跨度对开采后应力场分布规律影响分析。回采中不考虑矿体倾角的影响，假设回采范围是一个很规则的方形区域，在计算中按整个卸压回采水平考虑，即只考虑整个卸压水平回采之后的应力分布状态及下分段所在部位测点的应力变化情况。因此，数值计算模型将整个首采分段作为一个开挖步进行计算。方案1是研究空区跨度对岩体应力场分布规律的影响，是研究回采后岩体应力场分布规律的基础方案。在这个方案模型下，模拟空区水平长度（跨度）分别为10m、20m、50m、70m，在每个跨度条件下开采高度分别为10m和20m，共8种开采情况。分析在不同空区大小下的卸压效果以及应力变化情况。考虑到边界效应的影响，整个计算模型的长×宽×高为200m×100m×150m，共计66066个节点，62000个单元。开挖方案如图4-1所示，建立的计算模型如图4-2所示。

方案2：矿体倾角对开采地压分布规律影响分析。考虑矿体倾角

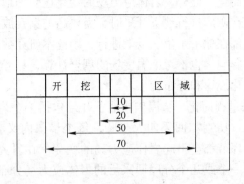

图 4-1　卸压方案 1 示意图

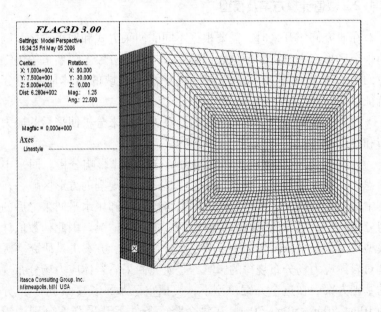

图 4-2　方案 1 计算模型

的影响，回采范围是一个卸压分段内的所有矿石，回采中并不开挖岩石，即只开挖一个回采分段内的所有矿石，开挖范围的横剖面是一个平行四边形。这个方案模拟矿体倾角 52°，矿体水平厚度 10m，开采分段高度 10m，开挖方案如图 4-3 所示。考虑到边界效应的影响，整

个计算模型的长 × 宽 × 高为 250m × 100m × 150m,共计 59241 个节点,55200 个单元。开挖方案如图 4-3 所示,建立的计算模型如图 4-4 所示。

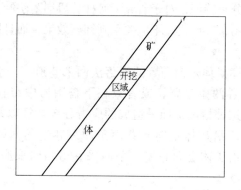

图 4-3 卸压方案 2 示意图

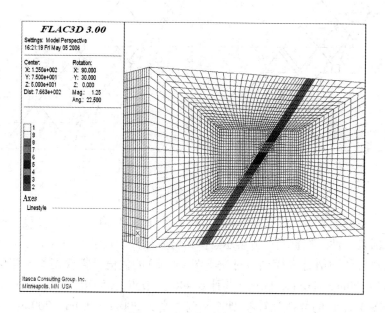

图 4-4 方案 2 计算模型

方案 3:采场布置形式对地压分布规律影响分析。在采用崩落法进行矿体开采时，由于受到矿体倾角、厚度、矿石放出角、炮孔边孔角以及回采率等的要求和限制，在开采中厚矿体时，如果回采巷道沿走向布置，则需要布置在矿体下盘的岩石内。因此，研究这种情况下的应力变化和分布特征，对于研究无底柱分段崩落法卸压开采极为重要。合理的采场布置形式，不但关系到卸压效果，而且影响到整个开采的经济效益。

对于沿中厚矿体走向布置的崩落法回采巷道，一般情况下，每个分段最多布置两条进路，或者只在下盘围岩中布置一条回采进路。为了分析这种情况下回采造成的应力分布特征以及对相邻进路的影响，设计了沿矿体走向布置两条回采巷道的回采形式，如图4-5(a)所示；沿矿体走向布置一条回采巷道的回采形式，如图4-5(b)所示。

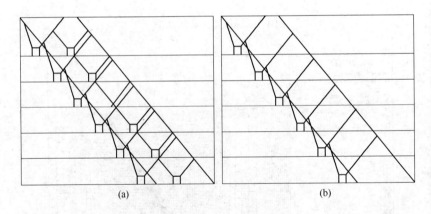

(a)   (b)

图 4-5   卸压方案 3 示意图

在方案3中，模拟矿体倾角50°，水平厚度20m，分段高度10m的回采条件。根据回采方案示意图，分别建立与图4-5中（a）、（b）相对应的数值计算模型。对应于图4-5(a)的数值计算模型长×宽×高为300m×100m×200m，共计61446个节点，55050个单元；对应于图4-5(b)的数值计算模型长×宽×高为300m×100m×200m，共计55022个节点，49310个单元。建立的数值计算模型如图4-6所示。

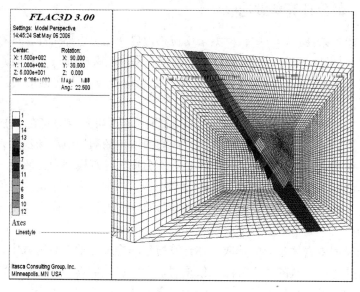

(a)

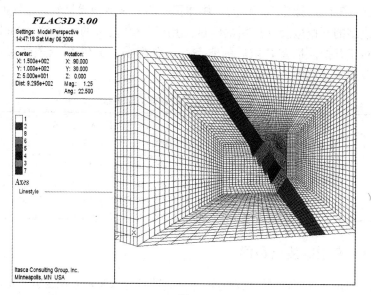

(b)

图 4-6 方案 3 计算模型

4.2   数值计算参数选取

边界条件：计算中，模型采用位移边界和应力边界条件，即在左右（x 方向）和前后（z 方向）采取铰支边界，在底部（y 方向）采取固支边界；在模型的上表面施加上部岩体自重压力作为应力边界条件。

初始条件：在模拟计算中，不同的区域其初始应力场的构成不同，不同应力场的比例也不一样，研究中所用的初始应力场都以自重应力场为主，即初始条件只考虑自重应力场。计算模型中，假设 3 个方案的开采区域埋深都为 400m，根据式（3-16）进行计算，得到相应的初始应力场。计算后垂向应力为最小主应力，水平应力为最大主应力。

模型中岩体参数的选取：在计算模型的物理力学参数选取中，根据岩体力学参数的估算方法，依据岩块力学参数估算得到计算岩体力学参数。模型将岩性简化后只分为上盘岩体、矿体和下盘岩体，并根据式（3-13）计算出相应的岩体体积模量 K 和剪切模量 G。计算中对于模型的开挖以及开挖后的空区选用 FLAC³ᴰ 内置的零模型（Null），而对于开挖前以及开挖后的非空区部分都采用莫尔-库仑塑性模型。计算模型选取的计算参数见表 4-1。

表 4-1   计算模型的岩体力学参数

岩体类型	R_c /MPa	R_t /MPa	C /MPa	φ /(°)	E /GPa	μ	K /GPa	G /GPa	γ /t·m⁻³
上盘岩体	8.53	0.15	2.41	31	7.74	0.25	5.16	3.096	2.7
矿体	7.19	0.12	2.12	28.6	5.97	0.25	3.98	2.388	2.7
下盘岩体	18.62	0.14	4.13	42.2	14.49	0.25	9.66	5.796	2.7

4.3   模型监测点布置

数值计算中，可以通过计算后得到的各种云图来方便地分析应力、位移等的分布特征。然而，有时却需要对某点或一个小区域的应力、位移等的变化情况进行分析，就像我们现场进行监测一样，用点的应力、位移等的变化规律来分析特定区域的应力、位移等的变化规律。

为了研究开挖引起的岩体应力变化情况，需要对一些关键部位的应力变化情况进行监测。FLAC^{3D}有特定的命令 Hist 可以实现对指定位置应力的监测和跟踪。针对研究的需要，根据不同的开挖方案，在开挖分段的下分段水平位置设置了不同的跟踪监测点。

方案 1 的数值模型及开挖空区都具有对称性，其开挖后的应力场变化情况也是空间对称的。因此，在设置监测点时，只在模型对称面的一侧相应位置处设置一系列监测点。方案 1 中，在不同开挖范围条件下，测点的水平位置不变，在垂直方向每 5m 为一个监测水平，共设置 4 个监测水平的测点。部分监测点的位置坐标见表 4-2。其中，每种开挖情况下，测点 4 是空区边界位置对应的下分层位置处，最后一个测点是空区中心对应的下分层位置处。

表 4-2　方案 1 监测点位置

坐标 方案	测点 1 (x,y,z)	测点 2 (x,y,z)	测点 3 (x,y,z)	测点 4 (x,y,z)	测点 5 (x,y,z)	测点 6 (x,y,z)	测点 7 (x,y,z)	测点 8 (x,y,z)
开挖 10m	90,80,50	93,80,50	94,80,50	95,80,50	96,80,50	100,80,50		
开挖 20m	85,80,50	88,80,50	89,80,50	90,80,50	91,80,50	92,80,50	100,80,50	
开挖 50m	70,80,50	73,80,50	74,80,50	75,80,50	76,80,50	80,80,50	90,80,50	100,80,50
开挖 70m	60,80,50	63,80,50	64,80,50	66,80,50	70,80,50	90,80,50	100,80,50	

方案 2 的测点布置与回采空区的关系如图 4-7 所示，其中从测点 1 到测点 10，共布置 10 个测点，测点 3 是空区左边界对应的位置，测点 8 是空区右边界对应的位置。各个测点位置的坐标 (x, y, z) 分别为：测点 1（115，80，50），测点 2（118，80，50），测点 3（120.3，80，50），测点 4（122，80，50），测点 5（125，80，50），测点 6（130.3，80，50），测点 7（137，80，50），测点 8（138.1，80，50），测点 9（139.1，80，50），测点 10（140，80，50）。

方案 3 的测点布置，根据布置一条进路和两条进路两种情况，分别选择相应的监测位置并设置监测点。其中方案 3 的 A 情况，布置 3 个测点，如图 4-8(a)所示；方案 3 的 B 情况布置 7 个测点，如图 4-8(b)所示。

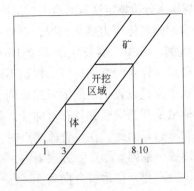

图 4-7　方案 2 测点位置示意图

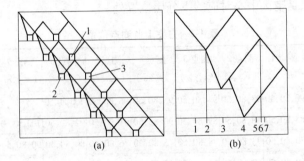

图 4-8　方案 3 测点位置示意图

4.4　计算结果分析

采矿活动是一个不断对岩体进行爆破开挖的过程，只要采矿活动不停止，其对岩体的完整状态和岩体应力场的平衡状态就是一个不断破坏的过程。因此，采矿过程中，岩体的应力场状态在不断地发生重新分布，可以认为实际中的岩体应力场没有绝对的平衡状态，所谓的平衡状态也只是相对一定的开采活动和时间的平衡状态而已。

数值计算过程中，并不考虑时间对岩体应力的影响，即不考虑岩体的流变性。因此，每次开挖之后，都将模型计算至平衡状态，再查看应力场的变化情况，并分析开挖引起的岩体应力场变化规律。

4.4.1 空区跨度对地压分布规律影响分析

4.4.1.1 空区跨度 10m 情况

图 4-9 是空区跨度 10m 条件下开挖后的最小主应力分布特征图，

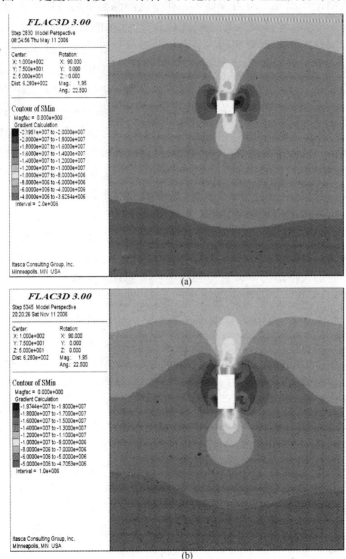

(a)

(b)

图 4-9 空区跨度 10m 条件下的最小主应力分布图

其中，图 4-9(a)是开采高度 10m 时的最小主应力分布特征，图 4-9(b)是开采高度 20m 时的最小主应力分布特征。从图 4-9 可以看出，开挖后岩体的最小主应力发生了明显的重新分布，在空区的顶板部位和底板部位均出现了应力降低区，在空区两侧部位则出现了应力集中区。从图 4-9(a)可以看出，顶底板应力降低区的延伸范围约为 2~3 倍的空区跨度，基本呈椭圆形分布，并且越靠近空区顶板和底板，降低幅度越大，其应力降低后的最小值约为 -4.0MPa；在空区两侧部位的应力集中区域基本呈扇形分布，而且越靠近空区，应力集中越明显，其应力集中后的最大值约为 -21.95MPa。从图 4-9(b)可以看出，顶底板应力降低区的延伸范围约为 2~3 倍的空区跨度，基本呈椭圆形分布，并且越靠近空区顶板和底板，降低幅度越大，其应力降低后的最小值约为 -5.0MPa；在空区两侧部位的应力集中区域基本呈扇形分布，但是应力集中的最大区域发生在空区的四个拐角部位，其应力集中后的最大值约为 -19.74MPa。

从图 4-9 的最小主应力变化规律和分布特征可以看出，开挖后的应力降低范围只受空区跨度的影响，几乎不受空区高度的影响，但空区高度的增大使应力降低程度和集中程度都有所减弱。

图 4-10 是空区跨度 10m 条件下开挖后的最大主应力分布特征图，其中，图 4-10(a)是开采高度 10m 时的最大主应力分布特征，图 4-10(b)是开采高度 20m 时的最大主应力分布特征。从图 4-10 可以看出，开挖后在空区周围出现最大主应力降低区域，但是并没有出现明显的应力集中区域。从图 4-10(a)可以看出，在空区顶底板部位出现的最大主应力降低区范围最大，最大主应力降低后的最小值约为 -1.0MPa。从图 4-10(b)可以看出，在空区两侧出现的最大主应力降低区范围最大，最大主应力降低后的最小值约为 -0.5MPa。

开挖后 10m 监测水平部分监测点的主应力变化如图 4-11 所示，图中从上向下依次是测点的最大主应力、中间主应力和最小主应力变化曲线。其中，图 4-11(a)是空区边界 4 号测点的主应力变化曲线，图 4-11(b)是中间 6 号测点的主应力变化曲线。可以看出，4 号测点的最大主应力和中间主应力与初始状态值相比，几乎没有多大变化；最小主应力则出现了明显的降低。6 号测点的最大主应力出现

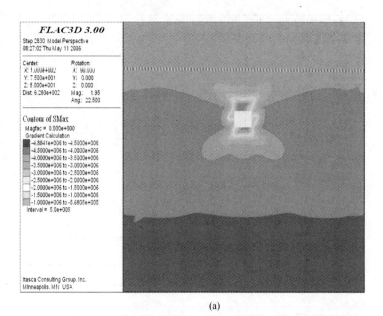

(a)

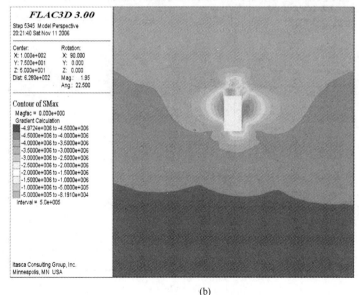

(b)

图 4-10 空区跨度 10m 条件下的最大主应力分布图

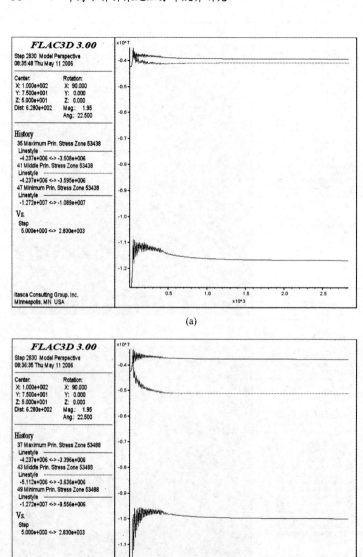

图 4-11   开挖 10m 情况下主要测点主应力变化曲线

了小幅降低，中间主应力则出现了升高，最小主应力出现了明显的降低。

图 4-12 是开挖后测点的垂向应力变化曲线。其中，图 4-12（a）

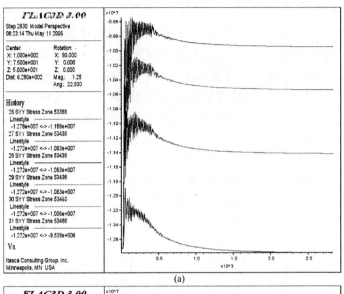

(a)

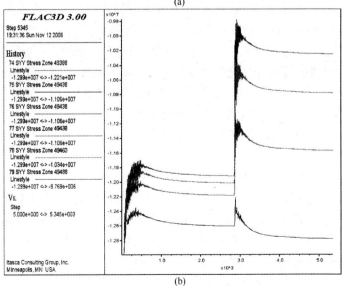

(b)

图 4-12　监测点垂向应力变化曲线

是开采高度 10m 时空区以下 10m 水平位置 6 个测点的垂向应力变化曲线，图 4-12（b）是同一水平位置 6 个测点在开采高度 10m 和 20m 时的垂向应力变化曲线。

图 4-12（a）从下向上依次是 1、4（2、3）、5 和 6 号测点垂向应力变化曲线，其中 2、3 号测点曲线和 4 号测点曲线重合。1 号测点位于空区水平投影范围之外，其应力值在开挖之后先有小幅降低，在达到一定峰值之后又开始缓慢升高，该测点最终应力值高于原来的初始应力值；4（2、3）号测点是空区投影的边界部位，其应力值在开挖之后便开始快速降低，降低到一定值后又开始出现一系列振荡并且应力值有小幅回升，但其最终应力值低于原来的初始应力值，约为初始应力值的 89.7%；5、6 号测点都位于空区水平投影的范围之内，其中 6 号测点是空区投影的中心部位，开挖之后，5、6 号测点的应力变化情况和 4 号测点相同，5 号测点的最终应力值约为初始应力值的 82.8%，6 号测点的最终应力值约为初始应力值的 78.1%。可见，离空区投影中心部位越近，其应力值降低越明显。

图 4-12（b）从下向上依次是 1、4（2、3）、5 和 6 号测点垂向应力变化曲线，其中 2、3 号测点曲线和 4 号测点曲线重合。从图 4-12（b）可以看出，在不同开采高度下，各个测点的垂向应力变化规律和图 4-12（a）中测点垂向应力变化规律基本相同，只是在不同的开采高度下由于测点距离空区底板水平的垂向距离不同而产生的应力降低量不同。在开采高度为 10m 情况下，各测点距离空区底板水平的垂直距离为 20m，此时 1 号测点的垂向应力值约为初始应力值的 97%，4（2、3）号测点的垂向应力值约为初始应力值的 93.8%，5 号测点的垂向应力值约为初始应力值的 92.5%，6 号测点的垂向应力值约为初始应力值的 91.7%；在开采高度为 20m 情况下，各测点距离空区底板水平的垂直距离为 10m，此时 1 号测点的垂向应力值与初始应力值相比几乎没有变化，4（2、3）号测点的垂向应力值约为初始应力值的 88.5%，5 号测点的垂向应力值约为初始应力值的 82.3%，6 号测点的垂向应力值约为初始应力值的 78.5%。

图 4-13 是空区跨度 10m 时空区以下不同监测水平监测点的垂向应力变化率曲线。图中曲线分别反映了空区跨度 10m 时空区底板以

下 5m、10m、15m、20m、25m 和 30m 距离水平的垂向应力变化率情
况，其中位于 0 刻度以上的属于应力升高区域，位于 0 刻度以下的属
于应力降低区域。从图 4-13 可以看出，在空区跨度 10m 时，空区以
下只有 5m 和 10m 水平的 1 号测点属于应力升高区，其余各测点都属
于应力降低区。从图中可以看出整个应力变化率的分布规律是越靠近
空区投影的中心部位，应力降低率越大；越远离空区底板的水平，其
应力降低率越小。20m、25m 和 30m 水平的测点应力降低率最大只有
8.3%，也就是说距离空区底板距离大于空区跨度 2 倍范围以外的应
力降低区中，其应力降低率都较小。

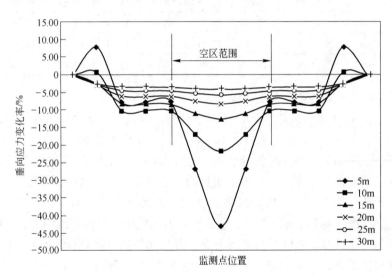

图 4-13 空区跨度 10m 时不同监测水平监测点的垂向应力变化率曲线

对比空区投影范围内的测点垂向应力变化率可以看出，5m 水平
的测点垂向应力降低率最大，也就是说越靠近空区底板，应力降低率
越大；对比空区投影范围之外的测点垂向应力降低率可以看出，10m
水平的测点应力降低率最大；对比空区投影边界附近的测点应力变化
率可以看出，10m 水平以内的测点降低率最大。综合比较这 6 个不同
水平的测点垂向应力变化率曲线可以看出，10m 水平位置的测点在空
区投影边界部位的应力降低率最大，其在空区投影边界外 2m 左右范

围内应力降低率为 10.3%，在空区投影范围内降低率最高达 21.9%。将空区跨度 10m 情况下开挖前后不同监测水平监测点的垂向应力值整理，见表 4-3（均为压应力）。从表 4-3 中也可以看出开挖前后测点的垂向应力变化规律及变化率情况。

表 4-3   不同监测水平监测点的垂向应力变化前后对比   （MPa）

监测位置	初始应力	测点 1	测点 2	测点 3	测点 4	测点 5	测点 6
5m	12.59	13.55	11.62	11.62	11.62	9.18	7.15
10m	12.72	12.78	11.41	11.41	11.41	10.53	9.94
15m	12.86	12.55	11.79	11.79	11.79	11.43	11.21
20m	12.99	12.60	12.18	12.18	12.18	12.01	11.91
25m	13.13	12.75	12.51	12.51	12.51	12.42	12.37
30m	13.26	12.92	12.78	12.78	12.78	12.73	12.70

4.4.1.2   空区跨度 20m 情况

图 4-14 是空区跨度 20m 条件下开挖后的最小主应力分布特征图，其中，图 4-14(a) 是开采高度 10m 时的最小主应力分布特征，图 4-14 (b) 是开采高度 20m 时的最小主应力分布特征。从图 4-14 可以看出，开挖后岩体最小主应力发生了明显的重新分布，在空区的顶板部位和底板部位均出现了应力降低区，在空区两侧部位则出现了应力集中区。从图 4-14(a) 可以看出，顶底板应力降低区的延伸范围约为 2 ~ 3 倍的空区跨度，基本呈椭圆形分布，并且越靠近空区顶板和底板，降低幅度越大，其应力降低后的最小值约为 − 2.5MPa；空区两侧部位的应力集中区域基本呈扇形分布，延伸约 1 ~ 2 倍的空区高度，而且越靠近空区，应力集中越明显，其应力集中后的最大值约为 −28.79 MPa。从图 4-14(b) 可以看出，顶底板应力降低区的延伸范围约为 2 ~ 3 倍的空区跨度，基本呈椭圆形分布，并且越靠近空区顶板和底板，降低幅度越大，其应力降低后的最小值约为 − 2.5MPa；在空区两侧部位的应力集中区域基本呈扇形分布，但是应力集中的最大部位发生在空区的四个拐角部位，最大值约为 −24.72MPa。从图 4-14 的最小主应力变化规律和分布特征可以看出，开挖后的应力降低范围只受空区跨度的影响，几乎不受空区高度的影响，但空区高度的增大使应

力降低程度和集中程度都有所减弱。

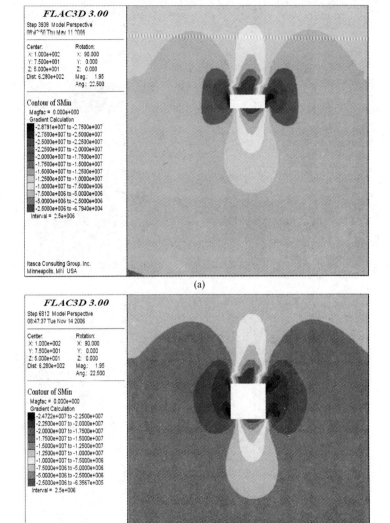

(a)

(b)

图 4-14 空区跨度 20m 条件下的最小主应力分布图

图 4-15 是空区跨度 20m 条件下开挖后的最大主应力分布特征

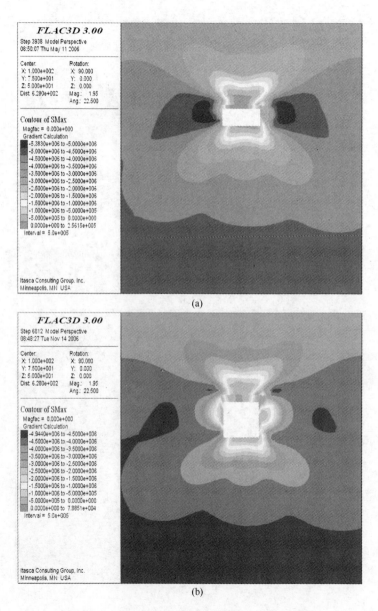

图 4-15　空区跨度 20m 条件下的最大主应力分布图

图，其中，图4-15(a)是开采高度10m时的最大主应力分布特征，图4-15(b)是开采高度20m时的最大主应力分布特征。从图4-15可以看出，开挖后在空区周围出现最大主应力降低区和升高区，在空区顶底板部位出现的最大主应力降低区范围最大，最大主应力降低后并出现拉应力，应力集中区域并不直接分布在空区两侧，而是远离空区一定距离。

10m监测水平部分监测点的主应力变化如图4-16所示，图中从上向下依次是测点的最大主应力、中间主应力和最小主应力的变化曲线。其中，图4-16(a)是空区边界4号测点的主应力变化曲线，图4-16(b)是中间7号测点的主应力变化曲线。可以看出，4号测点的最大主应力在开采后有所降低，中间主应力有所升高，最小主应力也发生一定程度的升高。7号测点的最大主应力出现了小幅降低，中间主应力则出现了小幅升高，最小主应力出现了明显的降低。

图4-17是开挖后测点的垂向应力变化曲线，其中，图4-17(a)是开采高度10m时空区以下10m水平位置7个测点的垂向应力变化曲线，图4-17(b)是同一水平位置7个测点在开采高度10m和20m时的垂向应力变化曲线。

图4-17(a)从下向上依次是1、4(2、3)、5(6)和7号测点曲线，其中2、3、4号测点曲线重合，5、6号测点曲线重合。1号测点位于空区水平投影范围之外，其应力值在开挖之后先有小幅降低，在达到一定峰值之后便又开始缓慢升高，其最终应力值约为初始应力值的110.77%；4(2、3)号测点应力值在开挖之后便开始快速降低，降低到一定值后便开始出现一系列振荡并且应力值有小幅回升，但其最终应力值低于原来的初始应力值，约为初始应力值的94.26%；5(6)号测点都位于空区水平投影范围之内，但5号测点距边界4号测点只有1m，虽然其应力变化规律和4号测点相同，但其应力降低幅度远远高于4号测点，最终垂向应力值约为初始应力值的79.87%；7号测点位于空区在下分层水平投影的中心部位，其应力值在开挖之后便开始快速降低，最终垂向应力值约为初始应力值的44.34%。可见，离空区投影中心部位越近，其应力值降低越明显。

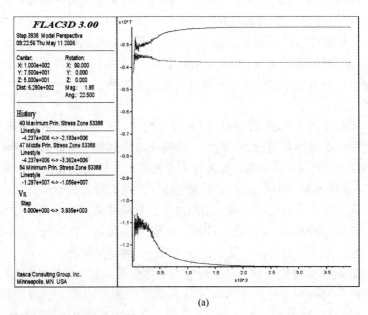

(a)

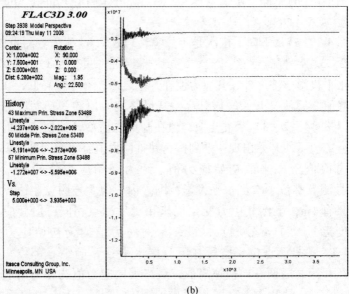

(b)

图 4-16　开挖 20m 情况下主要测点主应力变化曲线

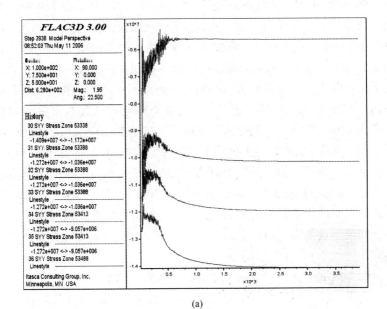

(a)

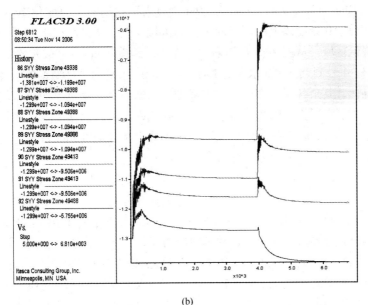

(b)

图 4-17 监测点垂向应力变化曲线

图4-17(b)从下向上依次是1、4（2、3）、5（6）和7号测点曲线，其中2、3、4号测点曲线重合，5、6号测点曲线重合。从图4-17(b)可以看出，在不同开采高度下，各个测点的垂向应力变化规律和图4-17(a)中测点垂向应力变化规律基本相同，只是在不同的开采高度下由于测点距离空区底板水平的垂向距离不同而产生的应力降低量不同。在开采高度为10m情况下，各测点距离空区底板水平的垂直距离为20m，此时1号测点的垂向应力值约为初始应力值的98%，4（2、3）号测点的垂向应力值约为初始应力值的91.2%，5（6）号测点的垂向应力值约为初始应力值的84.5%，7号测点的垂向应力值约为初始应力值的74.6%；在开采高度为20m情况下，各测点距离空区底板水平的垂直距离为10m，此时1号测点由应力降低变为应力升高，其余测点仍为应力降低，各测点的应力变化率和图4-17(a)基本相同。

图4-18是空区跨度20m时空区以下不同监测水平监测点的垂向应力变化率曲线。图中曲线分别反映了空区跨度20m时空区底板以下5m、10m、15m、20m、25m和30m距离水平的垂向应力变化率情况，其中位于0刻度以上的属于应力升高区域，位于0刻度以下的属于应力降低区域。从图4-18可以看出，在空区跨度20m时，5m水平的1、2、3、4号测点，10m水平的1号测点，15m水平的1号测点属于应力升高区，其余各测点都属于应力降低区。整个应力变化率的分布规律是越靠近空区投影的中心部位，应力降低率越大；越远离空区底板的水平，其应力降低率越小。从图中可以看出，25m和30m水平的测点应力在空区投影范围之外降低率比其他水平的大，达9.75%，但是在空区投影范围之内，其应力降低率远远低于其他水平测点。在空区内，5m、10m、15m和20m水平的测点垂向应力迅速降低，其中降幅最大的是10m和15m水平，降幅达20.12%。对比这6条曲线可以看出，在空区投影边界附近的测点，其垂向应力变化率截然不同，进入空区投影范围便会发生大幅降低，降幅效果最好的是20m水平以内的各测点。将空区跨度20m情况下开挖前后不同监测水平监测点的垂向应力值整理，见表4-4（均为压应力）。从表4-4中也可以看出开挖前后测点的垂向应力变化规律及变化率情况。

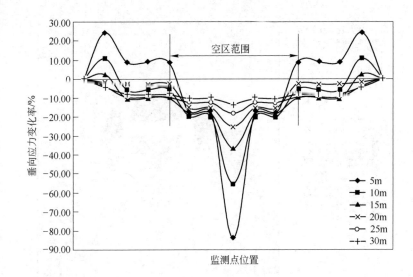

图 4-18 空区跨度 20m 时不同监测水平监测点的垂向应力变化率曲线

表 4-4 不同监测水平监测点的垂向应力变化前后对比 （MPa）

监测位置	初始应力	测点 1	测点 2	测点 3	测点 4	测点 5	测点 6	测点 7
5m	12.59	15.62	13.72	13.72	13.72	10.34	10.34	2.03
10m	12.72	14.09	11.99	11.99	11.99	10.16	10.16	5.64
15m	12.86	13.15	11.55	11.55	11.55	10.49	10.49	8.12
20m	12.99	12.73	11.61	11.61	11.61	10.98	10.98	9.69
25m	13.13	12.61	11.85	11.85	11.85	11.46	11.46	10.72
30m	13.26	12.66	12.14	12.14	12.14	11.89	11.89	11.44

4.4.1.3 空区跨度 50m 情况

图 4-19 是空区跨度 50m 条件下开挖后的最小主应力分布特征图，其中，图 4-19(a) 是开采高度 10m 时的最小主应力分布特征，图 4-19(b) 是开采高度 20m 时的最小主应力分布特征。从图 4-19 可以看出，开挖后岩体的最小主应力发生了明显的重新分布，在空区的顶板部位和底板部位均出现了应力降低区，在空区两侧部位则出现

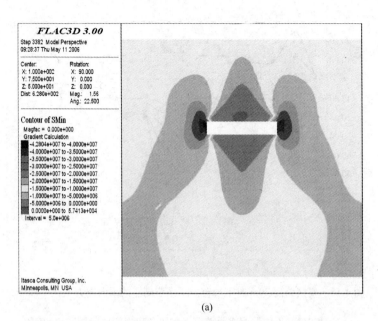

(a)

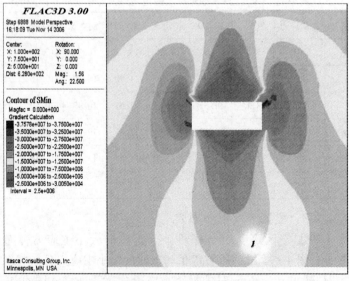

(b)

图 4-19　空区跨度 50m 条件下的最小主应力分布图

了应力集中区。从图4-19(a)可以看出,顶底板应力降低区的延伸范围约为1倍的空区跨度,越靠近空区顶板和底板,降低幅度越大,并由压应力转变为拉应力,出现的最大拉应力值约为0.057MPa;在空区两侧部位的应力集中区域基本呈扇形分布,而且越靠近空区,应力集中越明显,其应力集中后的最大值约为 - 42.8MPa。从图4-19(b)可以看出,顶底板应力降低区的延伸范围约为2倍的空区跨度,基本呈椭圆形分布,并且越靠近空区顶板和底板,降低幅度越大,其应力降低后的最小值约为 - 2.5MPa;在空区两侧部位的应力集中区域基本呈扇形分布,但是应力集中的最大部位发生在空区的四个拐角部位,其应力集中后的最大值约为 - 37.58MPa。从图4-19的最小主应力变化规律和分布特征可以看出,在空区跨度50m情况下,空区顶底板部位出现的应力降低区范围随开采高度的增大而增大,但是其应力降低程度及应力集中程度都随开采高度的增大而减小。

图4-20是空区跨度50m条件下开挖后的最大主应力分布特征图,其中,图4-20(a)是开采高度10m时的最大主应力分布特征,图4-20(b)是开采高度20m时的最大主应力分布特征。从图4-20可以看出,开挖后在空区周围出现最大主应力降低区和升高区。从图4-20(a)可以看出,在空区顶底板部位出现的最大主应力降低区范围最大,最大主应力降低后由压应力变为拉应力,其值约为0.3MPa;应力集中区域并不直接分布在空区两侧,而是远离空区一定距离,其值大约为 - 9.71MPa。从图4-20(b)可以看出,在空区顶板出现的最大主应力降低区范围最大,并且形成拉应力区域,其值约为0.31MPa,在空区两侧出现的最大应力集中值约为 - 8.43MPa。

10m监测水平部分监测点的主应力变化如图4-21所示,图中从上向下依次是测点的最大主应力、中间主应力和最小主应力的变化曲线。其中,图4-21(a)是空区边界4号测点的主应力变化曲线,图4-21(b)是中间8号测点的主应力变化曲线。可以看出,4号测点的最大主应力在开采后有所降低;中间主应力有小幅升高;最小主应力则发生很大程度升高。8号测点的最大主应力出现了小幅降低,并出现拉应力;中间主应力也出现一定程度降低;最小主应力出现了明显的降低。

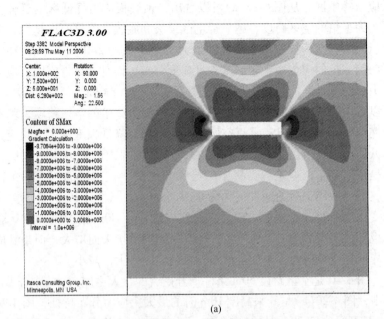

(a)

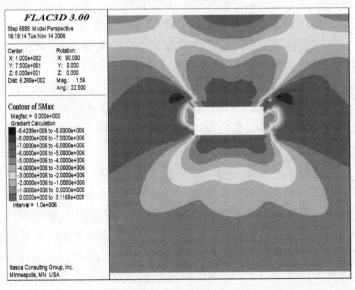

(b)

图 4-20 空区跨度 50m 条件下的最大主应力分布图

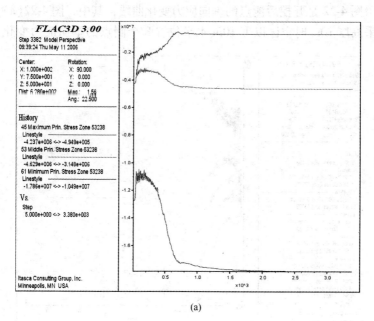

(a)

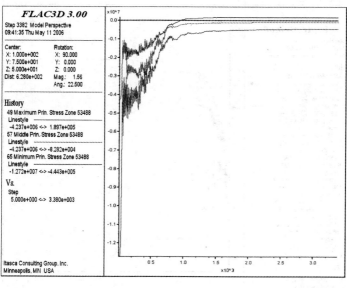

(b)

图 4-21   开挖 50m 情况下主要测点主应力变化曲线

　　图 4-22 是开挖后测点的垂向应力变化曲线，其中，图 4-22(a)是开采高度 10m 时空区以下 10m 水平位置 8 个测点的垂向应力变化曲

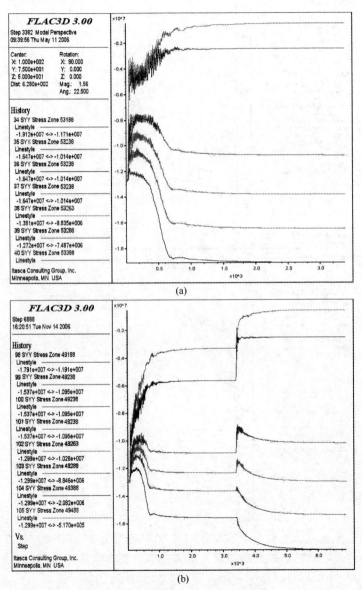

(a)

(b)

图 4-22　监测点垂向应力变化曲线

线，图4-22(b)是同一水平位置8个测点在开采高度10m和20m时的垂向应力变化曲线。

图4-22(a)从下向上依次是1、4（2、3）、5、6、7和8号测点曲线，其中2、3、4号测点曲线重合。1号测点位于空区水平投影范围之外，其应力值在开挖之后先小幅降低，然后迅速升高，最终应力值约为初始应力值的150.3%；4（2、3）号测点应力值在开挖之后先出现小幅降低，在出现一系列振荡之后迅速升高，最终应力值约为初始应力值的129.5%；5号测点位于空区水平投影的范围之内1m处，其应力变化规律和4号点相同，其最终垂向应力值约为初始应力值的108.6%；6号测点位于空区水平投影范围之内，其应力变化规律先出现降低后又出现一定程度升高，最终垂向应力值约为初始应力值的84.4%；7号测点位置位于空区水平投影范围之内，其应力变化规律一开始就出现大幅降低，最终垂向应力值约为初始应力值的18.9%；8号测点位于空区在下分层水平投影的中心部位，其应力值在开挖之后便开始快速降低，最终垂向应力值约为初始应力值的3.5%。可见，离空区投影中心部位越近，其应力值降低越明显。

图4-22(b)从下向上依次是1、4（2、3）、5、6、7和8号测点曲线，其中2、3、4号测点曲线重合。从图4-22(b)可以看出，在不同开采高度下，各个测点的垂向应力变化规律和图4-22(a)中测点垂向应力变化规律基本相同，只是在不同开采高度下由于测点距离空区底板水平的垂向距离不同而产生的应力变化量不同。在开采高度为10m情况下，各测点距离空区底板水平的垂直距离为20m，此时1号测点的垂向应力值约为初始应力值的119.8%，4（2、3）号测点的垂向应力值约为初始应力值的104.9%，5号测点的垂向应力值约为初始应力值的94.8%，6号测点的垂向应力值约为初始应力值的80.7%，7号测点的垂向应力值约为初始应力值的43.3%，8号测点的垂向应力值约为初始应力值的25.3%；在开采高度为20m情况下，各测点距离空区底板水平的垂直距离为10m，此时5号测点由应力降低变为应力升高，其余测点仍为应力降低，各测点的应力变化率和图4-22(a)基本相同。这说明随着距空区底板距离的减少，应力升高区域有向空区投影范围内移动的迹象。

　　图 4-23 是空区跨度 50m 时空区以下不同监测水平监测点的垂向应力变化率曲线，图中曲线分别反映了空区跨度 50m 时空区底板以下 5m、10m、15m 和 20m 距离水平的垂向应力变化率情况，其中位于 0 刻度以上的属于应力升高区域，位于 0 刻度以下的属于应力降低区域。从图 4-23 可以看出，在空区跨度 50m 时，5m、10m 和 15m 水平的 1、2、3、4 和 5 号测点属于应力升高区，其余各测点都属于应力降低区。整个应力变化率的分布规律是越靠近空区投影的中心部位，应力降低率越大；越远离空区底板的水平，其应力降低率越小。在距空区底板 20m 范围之内，位于空区投影范围之外的测点都发生不同程度的应力集中，最大集中率达 74.58%。对比这 4 条曲线可以看出，在空区投影边界附近的测点，其垂向应力也升高，或只发生小幅降低。这说明在空区跨度 50m 情况下，在距空区底板 20m 范围之内，其应力集中区域向空区投影范围内有一定的延伸。将空区跨度 50m 情况下开挖前后不同监测水平监测点的垂向应力值整理，见表 4-5（均为压应力）。从表 4-5 中也可以看出开挖前后测点的垂向应力变化规律及变化率情况。

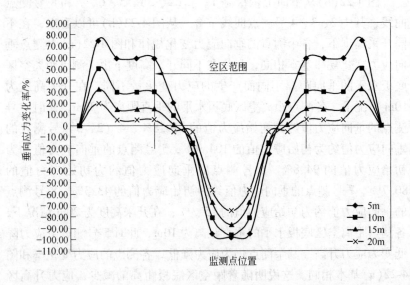

图 4-23　空区跨度 50m 时不同监测水平监测点的垂向应力变化率曲线

表4-5　不同监测水平监测点的垂向应力变化前后对比　（MPa）

监测位置	初始应力	测点1	测点2	测点3	测点4	测点5	测点6	测点7	测点8
5m	12.59	21.98	19.97	19.97	19.97	15.11	9.41	0.57	0.22
10m	12.72	19.12	16.47	16.47	16.47	13.81	10.74	2.40	0.45
15m	12.86	17.01	14.69	14.69	14.69	12.91	10.88	4.20	1.60
20m	12.99	15.56	13.63	13.63	13.63	12.31	12.31	5.62	3.28

4.4.1.4　空区跨度70m情况

图4-24是空区跨度70m条件下开挖后的最小主应力分布特征图，其中，图4-24(a)是开采高度10m时的最小主应力分布特征，图4-24(b)是开采高度20m时的最小主应力分布特征。从图4-24可以看出，开挖后岩体的最小主应力发生了明显的重新分布，在空区的顶板部位和底板部位均出现了应力降低区，在空区两侧部位则出现了应力集中区。从图4-24(a)可以看出，顶底板应力降低区的延伸范围约为1倍的空区跨度，越靠近空区顶板和底板，降低幅度越大，最小压应力为−5.0MPa；在空区两侧部位的应力集中区域基本呈扇形分布，而且越靠近空区，应力集中越明显，其应力集中后的最大值约为−55MPa。从图4-24(b)可以看出，顶底板应力降低区的延伸范围约为1~2倍的空区跨度，基本呈椭圆形分布，并且越靠近空区顶板和底板，降低幅度越大，其应力降低后的最小值约为−5.0MPa；在空区两侧部位的应力集中区域基本呈扇形分布，但是应力集中的最大部位发生在空区的拐角部位，其应力集中后的最大值约为−49.16MPa。从图4-24的最小主应力变化规律和分布特征可以看出，在空区跨度70m情况下，空区顶底板部位出现的应力降低区范围随开采高度的增大而增大，但是其应力降低程度及应力集中程度都随开采高度的增大而轻微减小。

图4-25是空区跨度70m条件下开挖后的最大主应力分布特征图，其中，图4-25(a)是开采高度10m时的最大主应力分布特征，图4-25(b)是开采高度20m时的最大主应力分布特征。从图4-25可以看出，开挖后在空区周围出现最大主应力降低区和升高区。从图4-25(a)可以看出，在空区顶底板部位出现的最大主应力降低区范围最大，最

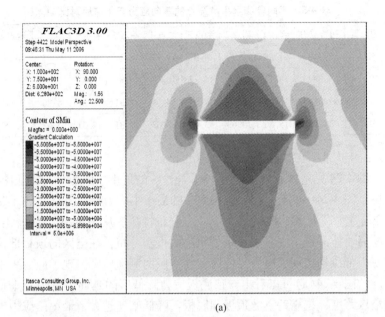

(a)

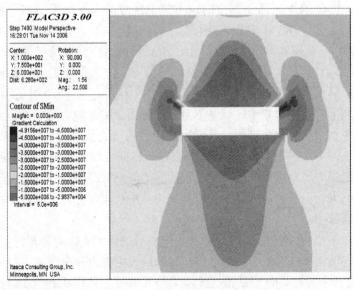

(b)

图 4-24 空区跨度 70m 条件下的最小主应力分布图

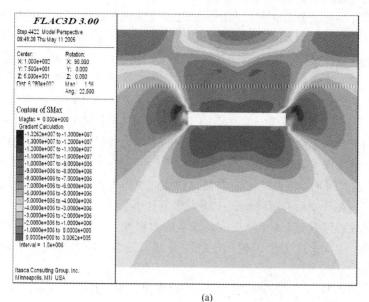

(a)

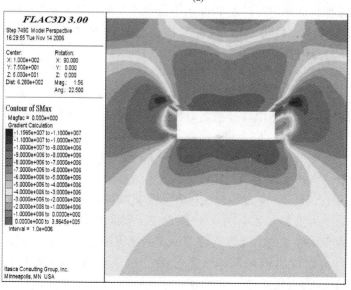

(b)

图 4-25　空区跨度 70m 条件下的最大主应力分布图

大主应力降低后由压应力变为拉应力,其值约为0.3MPa;应力集中区域并不直接分布在空区两侧,而是远离空区一定距离,其值大约为 −13.26MPa。从图4-25(b)可以看出,在空区顶板出现的最大主应力降低区范围最大,并且形成拉应力区域,其值约为0.4MPa;在空区两侧首先出现小范围的应力降低区,之后在这部分应力降低区之外才出现应力集中区,应力集中后的最大值约为 −11.57MPa。

　　10m监测水平部分监测点的主应力变化如图4-26所示,图中从上向下依次是测点的最大主应力、中间主应力和最小主应力的变化曲线。其中图4-26(a)是空区边界4号测点的主应力变化曲线,图4-26(b)是中间8号测点的主应力变化曲线。可以看出,4号测点的最大主应力在开采后有所降低;中间主应力有小幅升高;最小主应力则发生很大程度升高。8号测点的最大主应力出现了小幅降低,并出现拉应力;中间主应力也出现一定程度降低;最小主应力出现了明显的降低。

　　图4-27是开挖后测点的垂向应力变化曲线,其中,图4-27(a)是开采高度10m时空区以下10m水平位置8个测点的垂向应力变化曲线,图4-27(b)是同一水平位置8个测点在开采高度10m和20m时的垂向应力变化曲线。

　　图4-27(a)从下向上依次是1、4(2、3)、5、6、7和8号测点曲线,其中2、3、4号测点曲线重合。1号测点位于空区水平投影范围之外,其应力值在开挖之后先有小幅降低,然后迅速升高,最终应力值约为初始应力值的178.7%;4(2、3)号测点应力值在开挖之后先出现小幅降低,在出现一系列振荡之后迅速升高,最终应力值约为初始应力值的153%;5号测点位于空区水平投影的范围之内1m处,其应力变化规律和4号点相同,最终垂向应力值约为初始应力值的127.4%;6号测点位于空区水平投影的范围之内,其应力变化规律先出现降低后又出现一定程度升高,最终垂向应力值约为初始应力值的98%;7号测点位于空区水平投影的范围之内,其应力变化规律一开始就出现大幅降低,最终垂向应力值约为初始应力值的4.7%;8号测点位于空区在下分层水平投影的中心部位,其应力值在开挖之后便开始快速降低,最终垂向应力值约

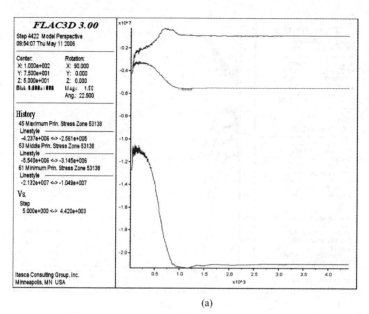

(a)

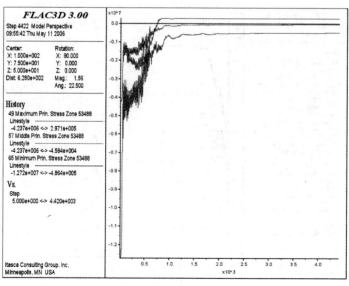

(b)

图 4-26　开挖 70m 情况下主要测点主应力变化曲线

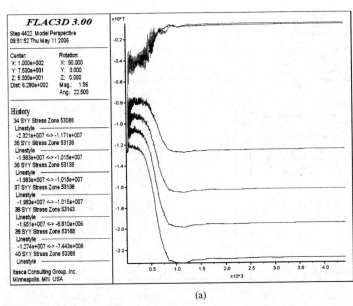

(a)

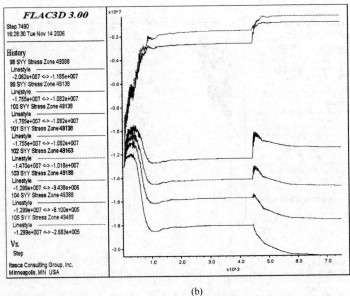

(b)

图 4-27 监测点垂向应力变化曲线

为初始应力值的 3.85%。可见，离空区投影中心部位越近，其应力值降低越明显。

图 4-27(b)从下向上依次是 1、4 (2、3)、5、6、7 和 8 号测点曲线，其中 2、3、4 号测点曲线重合。从图 4-27(b)可以看出，在不同开采高度下，各个测点的垂向应力变化规律和图 4-27(a)中测点垂向应力变化规律基本相同，只是在不同的开采高度下由于测点距离空区底板水平的垂向距离不同而产生的应力变化量不同。在开采高度为 10m 情况下，各测点距离空区底板水平的垂直距离为 20m，此时 1 号测点的垂向应力值约为初始应力值的 138.7%，4 (2、3) 号测点的垂向应力值约为初始应力值的 120.9%，5 号测点的垂向应力值约为初始应力值的 108.7%，6 号测点的垂向应力值约为初始应力值的 95.1%，7 号测点的垂向应力值约为初始应力值的 19.9%，8 号测点的垂向应力值约为初始应力值的 11.5%；在开采高度为 20m 情况下，各测点距离空区底板水平的垂直距离为 10m，各测点的应力变化率和图 4-27(a)基本相同。

图 4-28 是空区跨度 70m 时空区以下不同监测水平监测点的垂向应力变化率曲线，图中曲线分别反映了空区跨度 70m 时空区底板以下 5m、10m、15m 和 20m 距离水平的垂向应力变化率情况，其中位于 0 刻度以上的属于应力升高区域，位于 0 刻度以下的属于应力降低区域。从图 4-28 可以看出，在空区跨度 70m 时，5m、10m、15m 和 20m 水平的 1、2、3、4 和 5 号测点属于应力升高区，其余各测点都属于应力降低区。从图中可以看出整个应力变化率的分布规律是越靠近空区投影的中心部位，应力降低率越大；越远离空区底板的水平，其应力降低率越小。从图中可以看出，在距空区底板 20m 范围之内，位于空区投影范围之外的测点都发生不同程度的应力集中，最大集中率达 110.88%。对比这 4 条曲线可以看出，在空区投影边界附近的测点，其垂向应力也升高。这说明在空区跨度 70m 情况下，在距空区底板 20m 范围之内，其应力集中区域向空区投影范围内有一定的延伸。将空区跨度 70m 情况下开挖前后不同监测水平监测点的垂向应力值整理，见表 4-6 （均为压应力）。从表 4-6 中也可以看出开挖前后测点的垂向应力变化规律及变化率情况。

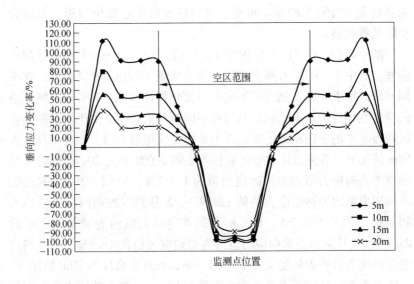

图 4-28 空区跨度 70m 时不同监测水平监测点的垂向应力变化率曲线

表 4-6 不同监测水平监测点的垂向应力变化前后对比 （MPa）

监测位置	初始应力	测点 1	测点 2	测点 3	测点 4	测点 5	测点 6	测点 7	测点 8
5m	12.59	26.55	23.96	23.96	23.96	17.80	10.87	0.29	0.24
10m	12.72	22.73	19.46	19.46	19.46	16.21	12.48	0.60	0.49
15m	12.86	19.94	17.15	17.15	17.15	15.00	12.56	1.43	0.78
20m	12.99	18.02	15.71	15.71	15.71	14.12	12.35	2.59	1.49

4.4.1.5 空区跨度对地压分布规律影响对比分析

在分析了上述 4 种空区跨度条件下的应力场变化规律和分布特征后，又分析了空区跨度 30m 和 40m 情况下的垂向应力变化规律和分布特征。在本研究条件下，空区两侧垂向应力初始值约为 12.285MPa，对比 4 种空区跨度条件下的垂向应力集中程度以及不同监测点水平的垂向应力降低率，见表 4-7。从表 4-7 可以看出，不管是应力集中程度还是不同水平的应力降低程度都随空区跨度的增加而增大。

表4-7 不同空区跨度下的垂向应力最大变化率

空区跨度/m	10	20	30	40	50	70
最大集中率/%	78.7	134.4	170.57	212.93	248.4	347.7
5m 水平最大降低率/%	43.2	83.88	97.39	98.38	98.25	98.09
10m 水平最大降低率/%	21.9	55.66	79.31	92.6	96.46	96.15
15m 水平最大降低率/%	12.8	36.86	59.74	76.75	87.56	93.93
20m 水平最大降低率/%	8.3	25.40	44.67	61.71	74.75	88.53

从表4-7可以看出，在应力降低范围内，垂向应力降低率也随空区跨度的增加而增加，在相同空区跨度下，应力降低率也随深度的降低而显著降低。对比不同跨度条件、不同开采高度下的垂向应力集中程度和降低程度，可以看出，在增大开采高度的情况下，其应力集中程度和应力降低程度均有所减弱。这表明，在中厚矿体进行卸压开采时，采场布置方向、回采空区大小及合理的分段高度都会影响卸压开采的成败。

将垂向应力集中率随空区跨度的变化关系进行拟合，如图4-29所示。从图4-29可以看出，空区两侧的应力集中程度基本随空区跨度呈线性变化，也就是说随着空区跨度的增加，空区两侧的应力集中程度基本呈线性增加。

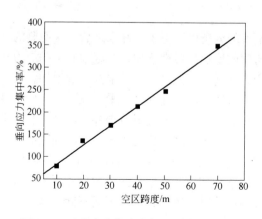

图4-29 垂向应力集中率与空区跨度的关系

从前面的计算结果可以看出，在空区跨度确定时，在空区下方应力降低区延伸范围内，发生应力降低的区域总在一定范围内，且有一定的边界，这个边界既可能在空区投影范围之外，也可能在空区投影范围之内，总之是与空区跨度和应力降低区的延伸深度有关。根据不同空区跨度下不同监测水平监测点的垂向应力变化率曲线图，以空区投影边界位置为0刻度点，依据垂向应力变化率为0的点的位置来分析发生应力降低的位置与空区跨度的关系，如图4-30所示。从图4-30可以看出，发生应力降低的位置随空区跨度的增大而从空区投影范围之外向空区投影范围之内转变。

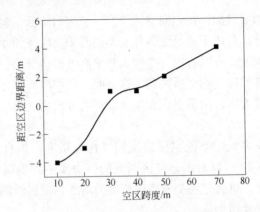

图4-30 垂向应力降低的位置与空区跨度的关系

通过方案1的分析可以看出，开采之后空区两侧的垂向应力集中程度随空区跨度的增加呈线性增加，空区顶底板的应力降低程度也随空区跨度的增大而增加，但是随着开采高度的增加，应力集中程度和应力降低程度都有所减弱。在同一水平，发生垂向应力降低的位置随空区跨度的增加而逐渐从空区投影范围外向空区投影范围内移动，越靠近空区投影中心位置其降低程度越大。在相同空区跨度下，在垂向应力降低区内，降低程度随延深的增加而减弱。方案1的研究表明，在无底柱分段崩落法卸压开采中，卸压效果随开采空区跨度、分段高度以及下分段回采进路布置位置的不同而不同。

4.4.2 矿体倾角对地压分布规律影响分析

方案2开挖之后，从应力分布特征图可以看出，由于矿体倾角的影响，使得开挖空区形状有所改变，从而影响到整个岩体应力场的重新分布。而不同的开挖形状所引起的岩体应力分布特征是不同的，而崩落法回采中的开采形状受到多种因素影响，比如矿体倾角、上下盘边孔角、放出角等。对于中厚矿体的开采来说，由于其沿走向布置回采巷道后，沿走向所能布置的回采巷道一般只有 1～2 条，这样开采形状对回采巷道位置的应力分布特征影响就格外明显。

从方案 2 开挖后岩体应力场分布特征可以看出，由于矿体倾角的影响，在开挖对岩体应力影响范围内，其最小主应力、中间主应力以及最大主应力的分布特征相对方案 1 的分布特征，都有所偏移，即应力降低区域和应力升高区域向矿体倾向的法线方向偏移。

图 4-31 是开挖之后岩体最小主应力分布特征图。从图可以看出，在开挖之后，最小主应力发生了明显的重新分布，在空区顶底板处分别出现一定范围的应力降低区域，降低区延伸约 2 倍的空区跨度。总体来说，应力降低区基本仍然在空区的正上方和正下方，降低后的最小值为 -5.0MPa；在空区的左下角和右上角分别出现应力集中区域，其中左下角部位的应力集中程度最大，达 -25.9MPa。

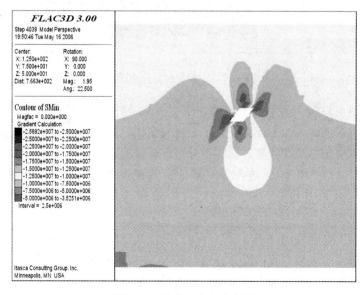

图 4-31　最小主应力分布图

图 4-32 是开挖后岩体中间主应力分布特征图。从图可以看出，应力升高区域和应力降低区域沿矿体倾角方向发生明显的偏转。其应力降低区域明显的向矿体上下盘方向扩展，降低后的中间主应力最小值为 -1.5MPa；而应力升高区域仍然在空区左下角和右上角的拐角部位，最高达 -8.68MPa。

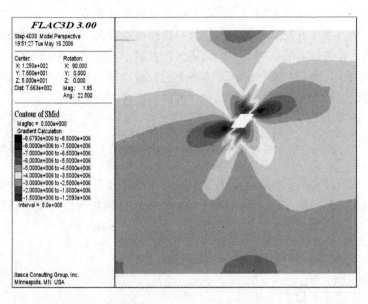

图 4-32　中间主应力分布图

图 4-33 是开挖后岩体最大主应力分布特征图。从图可以看出，开挖后岩体的最大主应力发生了明显的变化，其应力降低区域基本沿着矿体倾向的法线方向，对称地分布于矿体上下盘部位，而且越接近空区，其应力值降低越明显，降低后的最小值约为 -0.5MPa；在空区左边和右边拐角处出现应力集中现象，集中后的最大值达 -7.29MPa。

为了更准确地分析方案 2 开挖之后，其开挖分段下分段所在水平关键部位的应力变化情况，分别设置了 10 个不同的垂向应力监测点，通过这些点的垂向应力升高或降低情况，来分析矿体倾角及空区形状对岩体应力场的影响规律。

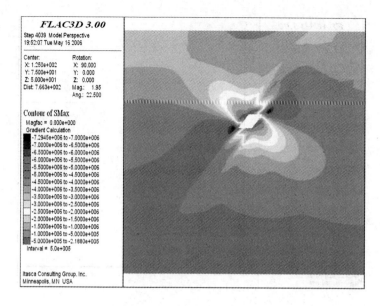

图 4-33　最大主应力分布图

图 4-34 ~ 图 4-36 是方案 2 开挖情况下，空区以下 10m 水平部分监测点的最大主应力、中间主应力以及最小主应力变化曲线。各图中，从上向下依次是最大主应力、中间主应力以及最小主应力在开挖后的变化曲线。

图 4-34 是开挖空区在 10m 水平投影的左边界部位（靠近上盘）测点 3 的主应力变化曲线，其最大主应力和中间主应力在开挖后都有小幅升高；最小主应力在开挖后先有小幅降低，之后又缓慢升高，最终应力值与初始应力值相比有小幅升高。

图 4-35 是开挖空区在 10m 水平中部测点 6 的应力变化曲线，最大主应力和中间主应力在开挖后有小幅降低，最小主应力在开挖后发生了明显的降低。

图 4-36 是开挖空区在 10m 水平投影的右边界部位（靠近下盘）测点 8 的主应力变化曲线，其最大主应力、中间主应力和最小主应力在开挖后都有一定程度的降低。

图 4-37 是方案 2 开采后在空区以下 10m 水平各个监测点的垂向

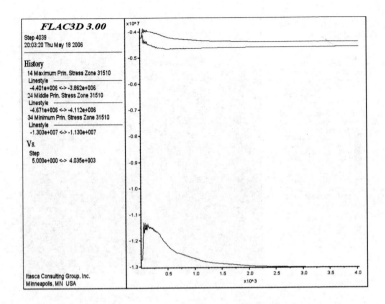

图 4-34 测点 3 主应力变化曲线

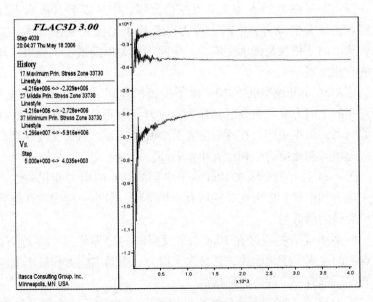

图 4-35 测点 6 主应力变化曲线

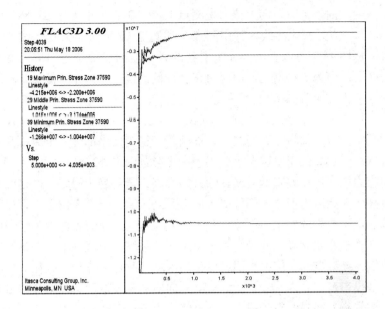

图 4-36 测点 8 主应力变化曲线

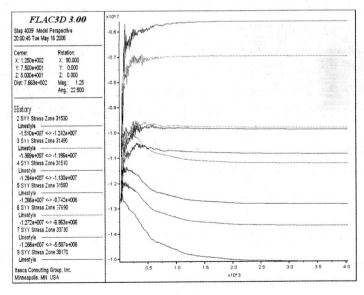

图 4-37 监测点垂向应力变化曲线

应力变化曲线，从下向上依次是测点 1、2、3、4、9(10)、7、8、5、6 的垂向应力变化曲线，其中测点 9 和测点 10 垂向应力变化曲线重合。从图 4-37 可以看出，开采引起的各个监测点部位垂向应力变化规律可以分为 3 种情况，即应力完全降低部位、应力先降低后升高部位和应力完全升高部位。

图 4-37 中，测点 1 位于空区在下分层水平投影范围之外，开采后其垂向应力值持续升高之后，逐渐趋于稳定，该部位属于应力升高区域；测点 2 位于空区在下分层水平投影范围之外，开采之后，其垂向应力先产生小幅降低后又逐渐开始升高，最终趋于稳定，最终应力值高于初始应力值，该部位属于应力升高区域；测点 3 位于空区在下分层水平投影的左边界部位，开采之后，其垂向应力先产生小幅降低后又逐渐开始升高，并最终趋于稳定，其最终应力值基本等于初始应力值，该部位属于应力无明显变化的区域；测点 4 位于空区在下分层水平投影范围之内，开采之后，其垂向应力先降低后又逐渐开始出现小幅升高，并最终趋于稳定，其最终应力值低于初始应力值，该部位属于应力降低区域；测点 5 位于空区在下分层水平投影范围之内，开采之后，其垂向应力迅速下降，在下降到约为初始值的 55% 之后，出现一定程度的振荡现象，并很快趋于稳定，其最终应力值低于初始应力值，该部位属于应力降低区域；测点 6 位于空区在下分层水平投影范围之内，开采之后，其垂向应力迅速下降，在下降到约为初始值的 44% 之后，出现一定程度的振荡现象，并很快趋于稳定，其最终应力值低于初始应力值，该部位属于应力降低区域；测点 7 位于空区在下分层水平投影范围之内，但是该位置距空区在下分层水平投影的右边界部位只有 1.1m，开采之后，其垂向应力发生快速下降，降低到初始应力的 78% 左右时趋于平稳，其最终垂向应力值低于初始应力值，该部位属于应力降低区域；测点 8 位于空区在下分层水平投影的右边界部位，由于该测点和测点 7 很接近，因此该测点的垂向应力变化情况和测点 7 基本相同，应力降低幅度也和测点 7 的应力降低幅度接近，该部位属于应力降低区域；测点 9 和测点 10 都位于空区在下分层水平投影范围的右边界之外，其应力变化规律和测点 7、8 基本相同，但是应力降低幅度有所下降，测点 9 和测点 10 的最终垂向

应力值约为初始应力值的85%，该部位属于应力降低区域。

分析图4-37中10个测点的应力变化情况，可以看出，测点1、2所在部位的垂向应力在开采之后都有所增加，而这两个测点也都位于空区在下分层水平投影范围的左边界之外，即在矿体的上盘部位，因此，这个区域属于应力升高区域；测点3位于空区在下分层水平投影的左边界部位，该部位在开挖之后垂向应力只有1.4%的升高率，变化率较小；测点4、5、6、7位于空区在下分层水平投影范围之内，这些部位在开挖之后垂向应力都发生了明显的降低，属于应力降低区域；测点8位于空区在下分层水平投影的右边界部位，开挖之后，其垂向应力也发生明显降低，属于应力降低区域；测点9和测点10虽然位于空区在下分层水平投影范围的右边界之外，但是开挖之后，其垂向应力也发生明显降低，属于应力降低区域。这表明，在有矿体倾角影响的情况下，开挖引起的岩体应力降低区产生向下盘偏移的现象。

图4-38是开采后不同监测水平监测点的垂向应力变化率曲线，图中曲线分别反映了空区底板以下10m距离水平和20m距离水平的垂向应力变化率情况，其中位于0刻度以上的属于应力升高区域，位于0刻度以下的属于应力降低区域。从图4-38可以看出，10m水平的测点1、2、3和20m水平的测点1、2、3、4属于应力升高区，其

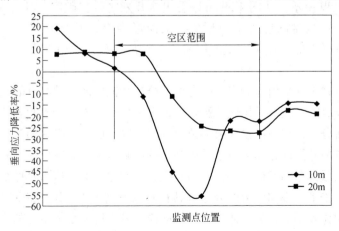

图4-38　不同监测水平监测点的垂向应力变化率曲线

余各测点都属于应力降低区。从图中可见，10m 水平的测点 4 出现应力降低，20m 水平的测点 5 才出现应力降低；在空区投影范围内靠近上盘区域，10m 水平的测点应力降低率高于 20m 水平测点应力降低率，而在靠近下盘的空区范围内，10m 水平测点的应力降低率却低于 20m 水平测点的应力降低率；这说明，垂向应力降低区的范围随深度的增加而向矿体倾向方向偏移。根据空区左边界以及 10m 水平和 20m 水平的应力降低点位置，可以大致得出其应力降低区域向矿体倾向方向偏移的角度约 5°~15°。金属矿床地下开采中，大多数需要保留时间长的工程都布置在矿体下盘，而矿体倾角的影响下应力降低区域的偏移现象也有利于布置在矿体下盘工程的稳定性。将开采前后不同监测水平监测点的垂向应力值整理，见表 4-8（均为压应力）。从表 4-8 中也可以看出开挖前后测点的垂向应力变化规律及变化率。

表 4-8 不同监测水平监测点的垂向应力变化前后对比 （MPa）

监测位置	初始应力	测点 1	测点 2	测点 3	测点 4	测点 5	测点 6	测点 7	测点 8	测点 9	测点 10
10m	12.66	15.10	13.69	12.84	11.22	6.98	5.60	9.88	9.81	10.84	10.84
20m	12.99	14.00	14.09	14.01	14.00	11.50	9.83	9.56	9.47	10.74	10.49

开采之后，垂向应力在空区以下 10m 水平分布规律水平剖面图如图 4-39 所示。从图 4-39 可以看出，开采之后在矿体上盘（左侧）出现一定程度的应力集中现象，从而形成应力升高区域；而在矿体下盘（右侧）出现一定范围的应力释放现象，从而形成应力降低区域。

方案 2 开采引起的岩体应力重新分布特征以及不同测点的应力变化曲线表明，在有矿体倾角影响的情况下，开采不但会引起岩体应力的重新分布，在空区顶底板部位出现应力降低区，在空区两侧拐角处出现应力升高区，而且由于矿体倾角的影响，其应力降低区域和应力升高区域都会向矿体上下盘方向发生轻微偏移。而在应力降低范围内的同一水平，垂向应力的分布也具有明显的规律性，其分布受矿体倾角影响比较明显，从矿体上盘部位的应力升高区向矿体下盘的应力降低区变化。在垂向应力变化范围内，在空区上盘投影边界附近，发生

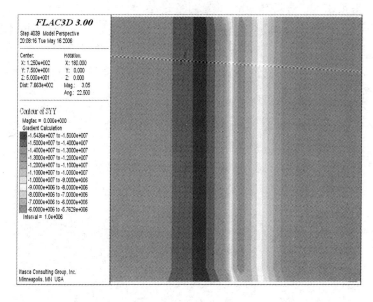

图 4-39　下分层位置垂向应力水平剖面图

应力降低的位置随深度的增加也从空区投影范围外向空区投影范围内移动。

对于中厚倾斜矿体采用无底柱分段崩落法卸压开采来说，方案 2 条件下的应力变化规律虽然有利于矿体下盘工程的稳定性，但对于分段高度及回采进路位置的确定却有着不利影响。

4.4.3　采场布置形式对地压分布规律影响分析

对于中厚矿体，分两种采场布置形式进行分析：

（1）假设每个分层沿矿体走向布置两条回采进路，在这种采场布置情况下，首先分析回采一条进路之后另一条进路位置以及其下分段两条进路位置岩体应力的分布特征及变化规律；其次，分析当卸压分段两条进路都回采之后下分段两条进路位置的岩体应力变化规律。

（2）假设每个分层沿矿体走向布置一条回采进路，分析这种采场布置情况下，回采一个分层之后，下分层应力的分布特征及变化规律。

4.4.3.1 沿矿体走向布置两条进路

当沿矿体走向布置两条回采巷道时，开采之后，采场周围岩体发生明显的重新分布，产生应力集中区域和应力降低区域。开挖一条进路后岩体最小主应力分布特征如图 4-40 所示，最大主应力分布特征如图 4-41 所示。

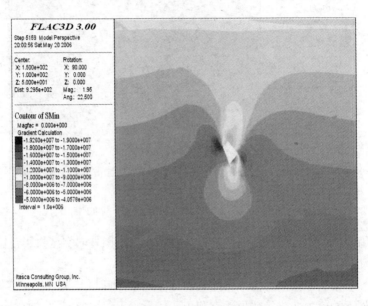

图 4-40 最小主应力分布特征图

从图 4-40 可以看出，当回采一条进路时，在回采空区的顶部和底部分别出现一定范围的应力降低区，其顶部应力降低范围大于底部应力降低范围；而在空区的最左边和最右边拐角处出现应力集中现象，其中空区右侧的应力集中区域也正是该水平另外一条回采进路的所在部位。

图 4-41 也显示了在开挖之后空区顶部和底部出现一定范围的应力降低区，空区左右拐角处出现应力升高区。但是这并不能明显看出各个进路所在部位的应力变化情况，因此，需要从各监测点的应力变化规律来分析中厚矿体沿走向布置两条回采进路情况下各关键部位的应力特征。

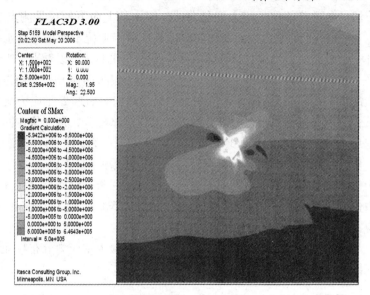

图 4-41　最大主应力分布特征图

图 4-42 是回采一条进路之后，该水平另外一条进路部位以及其

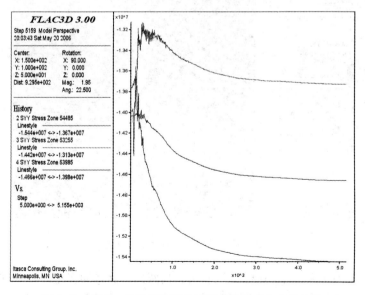

图 4-42　回采一条进路后部分监测点垂向应力变化曲线

下分段两条进路部位的应力变化曲线，图中从上向下依次是测点 2、测点 3、测点 1 的垂向应力变化曲线。其中测点 1 位于回采进路水平另外一条进路所在部位，从该测点垂向应力变化曲线可以看出，当该水平一条回采进路回采结束之后，其垂向应力发生明显升高，约为初始值的 111.6%，这表明该部位在另一条进路回采后便处于应力集中区域；测点 2 位于回采水平下分段下盘部位进路位置，该部位在回采开挖后垂向应力先出现直线下降，之后便出现一系列振荡并逐渐升高，但其最终应力值低于初始应力值，约为初始值的 97.8%；测点 3 位于下分段布置于矿体内的回采进路，上分层一条进路回采后该部位应力值便出现缓慢升高，其值约为初始值的 105%，这表明该部位处于应力集中区域。

当两条进路同时回采后，其最小主应力和最大主应力分布特征分别如图 4-43 和图 4-44 所示。

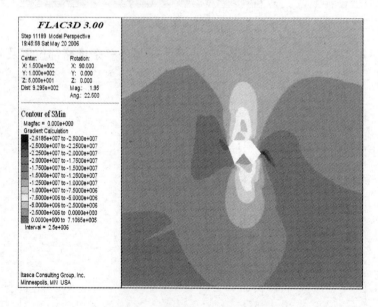

图 4-43　最小主应力分布特征图

从图 4-43 和图 4-44 可以看出，当两条进路都回采之后，在回采空区顶底板出现了应力降低区域，而在空区左右两侧则出现了应力升

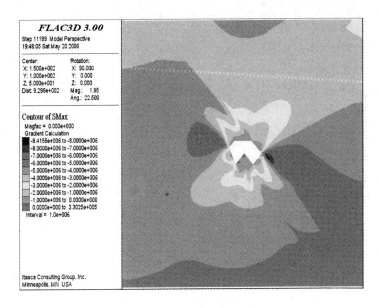

图4-44 最大主应力分布特征图

高区域，但是由于矿体倾角的影响，回采分段下分段大部分矿体及近矿岩体仍属于应力升高区域或应力无明显变化区域。

图4-45是两条进路回采后下分段进路部位部分监测点垂向应力变化曲线，从上向下依次是测点2、测点3的应力变化曲线。曲线呈阶梯状，第一阶梯是回采一条进路后的垂向应力变化情况，第二阶梯是两条进路回采结束后的应力变化情况。从图4-45可以看出，测点2在回采一条进路之后垂向应力只有轻微降低，当两条进路都回采之后垂向应力便产生大幅下降，由此表明，当两条进路都回采之后，该部位便完全变为应力降低区域；测点3在回采一条进路之后垂向应力发生小幅升高，在两条进路都回采之后便产生一定幅度的降低，表明在两条进路都回采之后，测点3部位也处于应力降低区。

图4-46是测点2在回采一条进路和两条进路后的最小主应力、中间主应力和最大主应力变化曲线，从上向下依次是最大主应力、中间主应力和最小主应力变化曲线。图中第一阶梯部分是回采一条进路后主应力的变化情况，从图4-46可以看出，测点2部位的最大主应

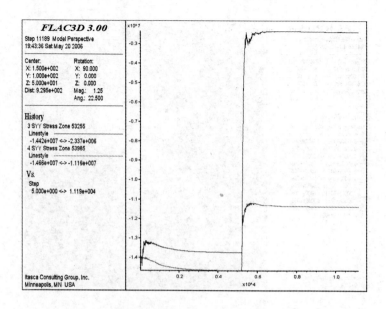

图 4-45　回采两条进路后部分监测点垂向应力变化曲线

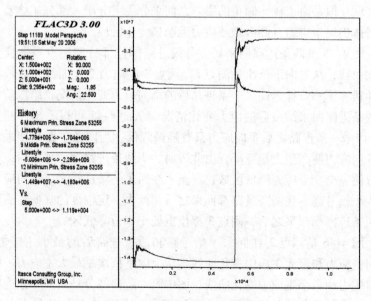

图 4-46　测点 2 主应力变化曲线

力几乎没什么变化，而中间主应力则发生轻微增加，最小主应力有小幅降低。图中第二阶梯部分是回采两条进路后主应力的变化情况，可以看出测点 2 部位的最小主应力、中间主应力和最大主应力均发生明显的降低，这表明此时测点 2 部位已完全处于应力降低状态。

图 4-47 是测点 3 在回采一条进路和两条进路后的最小主应力、中间主应力和最大主应力变化曲线，从上向下依次是最大主应力、中间主应力和最小主应力变化曲线。图中第一阶梯部分是回采一条进路后主应力的变化情况，从图中可以看出，测点 3 部位的最大主应力和中间主应力几乎都没什么变化，最小主应力则发生了一定程度的升高。图中第二阶梯部分是回采两条进路后主应力的变化情况，从图可以看出，测点 3 部位的最小主应力、中间主应力和最大主应力均发生明显的降低，但降低幅度较测点 2 部位低。

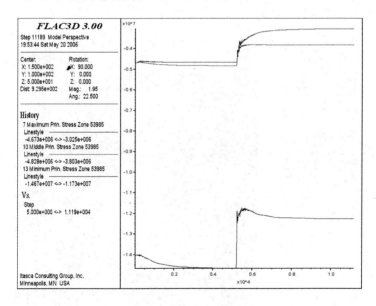

图 4-47 测点 3 主应力变化曲线

从沿矿体走向布置两条进路开挖引起的岩体应力分布情况来看，当两条进路不能同时回采时，总有回采水平的另一条进路部位和下分层的一条进路部位处于应力集中区域，这将直接影响进路在回采过程中的稳定性，进而影响整个回采的连续性。

4.4.3.2　沿矿体走向布置一条进路

　　沿矿体走向布置一条回采进路是中厚矿体最常用的采场布置形式，这种布置形式可以减少大量的采准工程，进而降低开采成本。在这种采场布置形式下，开挖之后引起的岩体主应力分布特征如图4-48～图4-50所示。

　　图4-48是开挖引起的岩体最小主应力分布特征图。从图可以看出，开挖后在沿矿体倾角方向的空区顶底板部位开始分别出现相应的应力降低区域，随着降低区域向岩体深部的延伸，整个应力降低区也向矿体倾向的法线方向倾斜。在空区左右拐角部位开始出现应力升高区域，矿体下盘的空区边界处应力升高区向上延伸，矿体上盘空区边界处的应力升高区向下延伸，而整个最小主应力升高区域的延伸方向基本沿着矿体倾角方向。

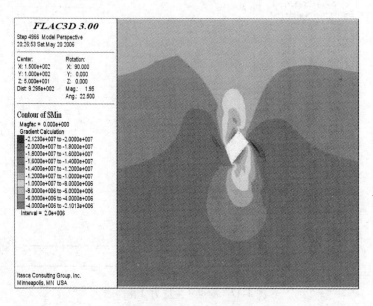

图4-48　最小主应力分布特征图

　　图4-49是开挖引起的岩体中间主应力分布特征图。从图可以看出，开挖后空区的顶底板部位分别出现了一定延伸深度的应力降低

区，整个应力降低区域基本沿着矿体的倾角方向；在空区的左右拐角部位则出现一定深度的应力升高区，整个应力升高区域的延伸方向与水平方向有很小的夹角，并且倾向与矿体倾向相同。

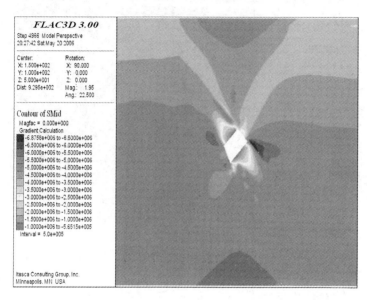

图 4-49   中间主应力分布特征图

图 4-50 是开挖引起的岩体最大主应力分布特征图。从整个应力分布特征来看，最大主应力的分布特征和中间主应力的分布特征基本相似，也是在空区顶底板部位出现应力降低区域，在空区两侧拐角部位出现应力升高区域。

为了更进一步了解开采引起的空区下分段关键区域的垂向应力分布及变化规律，在空区下分段水平的不同位置布置了 7 个垂向应力监测点，通过这些测点的垂向应力变化情况来分析开挖后垂向应力在该水平的分布规律。图 4-51 是开采后各测点的垂向应力变化曲线，从上向下依次是测点 5、测点 3、测点 4、测点 7、测点 6、测点 2 和测点 1 的垂向应力变化曲线。从图 4-51 可以看出，开挖后，所有测点都处于应力降低状态，但是不同的部位应力降低的幅度有所不同。

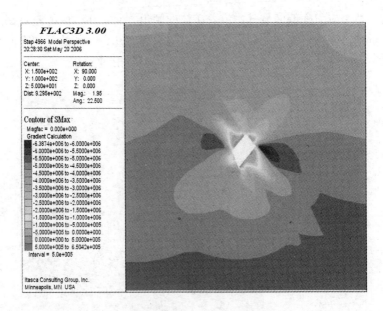

图 4-50　最大主应力分布特征图

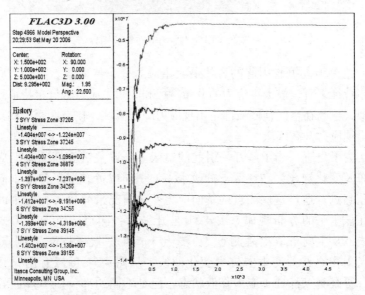

图 4-51　各测点垂向应力变化曲线

测点 1 位于空区在下分段水平投影范围下盘边界之外，其垂向应力在开挖之后出现小幅降低，约为初始值的 93%；测点 2 位于空区在下分段水平投影范围的下盘边界部位，其垂向应力在开挖之后出现小幅降低，约为初始值的 86.6%；测点 3、测点 4 和测点 5 都位于空区在下分段水平投影范围之内，其垂向应力在开挖后都发生了明显的降低，约在初始应力值的 30% ~ 70% 之间。这表明，在开挖之后，处于空区在下分段投影范围内的区域完全处于应力降低状态；测点 6 位于空区在下分段水平投影范围的上盘边界部位，其垂向应力在开挖之后也出现小幅降低，其降低量较处于空区投影范围内的区域已远远降低，约为初始值的 72%，属于垂向应力降低区域；测点 7 位于空区在下分段水平投影范围上盘边界之外，该部位在回采之后垂向应力也有所下降，约为初始值的 77%。

从监测范围内所有测点的垂向应力变化曲线来看，虽然开挖后 7 个测点部位都属于应力降低区，但是整体来看还是处于空区投影范围之内的区域应力降低幅度较大，处于投影范围之外的区域应力降低幅度很小。监测点的垂向应力变化率曲线如图 4-52 所示，图中曲线反映了各测点的垂向应力变化率情况，其中位于 0 刻度以上的属于应力升高区域，位于 0 刻度以下的属于应力降低区域，可见，7 个监测点都属于应力降低区域。

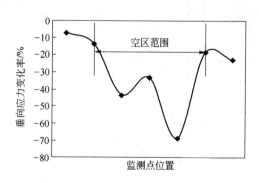

图 4-52　监测点的垂向应力变化率曲线

图 4-53 和图 4-54 分别是开挖后测点 2 和测点 6 的最大主应力、中间主应力和最小主应力变化曲线，从上向下依次是最大主应力、中

间主应力和最小主应力变化曲线。

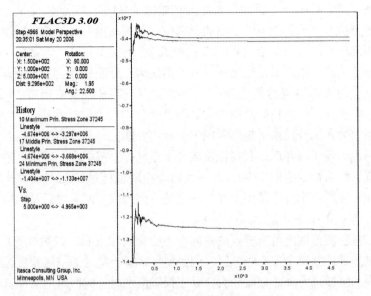

图 4-53   测点 2 主应力变化曲线

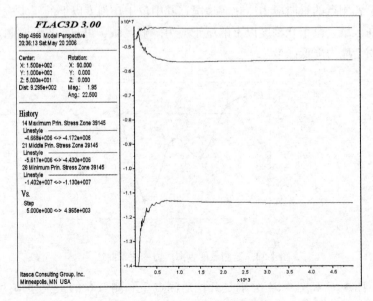

图 4-54   测点 6 主应力变化曲线

从图中可以看出，开挖后，左边界测点2的最大主应力、中间主应力和最小主应力均发生了小幅降低；右边界测点6的最大主应力只发生很小的降低，中间主应力则发生了升高现象，最小主应力也发生降低，其降低幅度较测点2降低幅度大。

从方案3开挖后的应力分布特征及空区下分段水平的应力分布规律来看，不同的采场布置形式对岩体应力的分布特征有着明显影响。沿矿体走向布置两条进路时，不管两条进路同时还是不同时回采，都有其他进路部位始终处于应力升高区域或应力没明显变化区域；沿矿体走向布置一条进路时，回采空区在下分段水平的投影范围内的区域都处于应力降低状态。方案3的计算结果表明，在矿体厚度允许的条件下应尽可能沿矿体走向布置一条进路以达到较好的卸压开采效果。

4.5　中厚矿体开采主要地压分布特征

根据中厚矿体开采后地压分布特征数值计算分析，可以得出如下结论。

(1) 中厚矿体开采之后空区两侧的垂向应力集中程度随空区跨度的增加而增加，空区顶底板的应力降低程度也随空区跨度的增大而增加，但是随着开采高度的增加，应力集中程度和应力降低程度都有所减弱。在同一水平，发生垂向应力降低的位置随空区跨度的增加而逐渐从空区投影范围外向空区投影范围内移动，越靠近空区投影中心位置其降低程度越大。在相同空区跨度下，在垂向应力降低区内，降低程度随延伸深度的增加而减弱，整个应力降低最明显的延伸深度约为空区跨度的1~2倍。这说明卸压开采中，卸压效果随开采空区跨度、分段高度以及下分段回采进路布置位置的不同而不同。

(2) 受矿体倾角影响，开采后岩体应力降低区域和应力升高区域都会向矿体上下盘方向发生偏移。而在应力降低范围内的同一水平，从矿体上盘部位的应力升高区向矿体下盘的应力降低区变化。在垂向应力变化范围内的空区上盘投影边界附近，发生应力降低的位置随深度的增加也从空区投影范围外向空区投影范围内移动。这表明，受矿体倾角影响虽然容易使矿体下盘处于应力降低区，但是对卸压开采中地压分布特征以及分段高度和回采进路位置的确定也有着较大影响。

（3）中厚矿体中不同的采场布置形式对岩体应力的分布特征有着明显的影响。沿矿体走向布置两条进路时，不管两条进路同时还是不同时回采，都有其他进路部位始终处于应力升高区域或应力没明显变化区域；当沿矿体走向布置一条进路时，回采空区在下分段水平的投影范围内的区域都处于应力降低状态。因此，在中厚矿体卸压开采中，要尽可能避免在矿体中布置巷道，并使沿脉巷道或回采巷道布置在下盘以利于提高巷道稳定性。

5 卸压开采影响因素分析

中厚矿体开采中，要减少沿脉巷道或回采巷道周围岩体的变形，并保证巷道在回采期间的稳定性。沿脉巷道或回采巷道的破坏将导致后续工作无法正常进行。对于采用崩落法开采的中厚矿体来说，已完成中深孔凿岩的巷道，受地压作用后，岩体的变形会使其装药孔发生错位或堵塞，进而影响到爆破落矿的效果，甚至由于回采巷道的破坏而使得矿量无法正常回收，造成资源的浪费和永久损失。

为了保证沿脉巷道或回采进路的稳定性，必须根据不同的巷道破坏程度而采取不同的支护类型和支护参数。此外，可以通过布置相应的卸压工程来改变岩体应力的分布规律，从而从应力控制角度出发达到应力降低的目的，保证巷道的稳定性。这些措施方法虽然可以取得一定的效果，但是有时效果并不会很理想，而且还会增加开采的成本，因此需要采取更为有效和低廉的方法来实现资源的正常开采。

从第4章中厚矿体开采引起的岩体应力场分布规律可以看出，不管是哪种开挖形式，开挖后都会引起岩体应力场的重新分布，形成明显的应力升高区域和应力降低区域。而对于中厚矿体来说，空区在下分段水平投影范围内的区域都属于应力降低区域。因此，可以通过卸压开采技术来降低下分段沿脉巷道或回采进路部位的应力大小，从而实现保证巷道稳定性的目的。为此，需要对卸压开采进行解释和定义。

卸压开采并不是通过开采来降低回采区域的压力，而是通过上部卸压分段的回采来改变岩体应力的区域分布特征和规律，形成新的应力分布状态，即形成应力降低区域和应力升高区域。根据回采引起的岩体应力变化规律和分布特征，通过合理的采场结构布置和结构参数选择，使得卸压分段回采后其下分段回采工程处于应力降低区域，从而保证下分段回采工程的稳定性和可利用性。能合理、经济、安全地对矿产资源进行回收的无底柱分段崩落法开采技术就是典型的卸压开采技术。

由此可见，卸压开采技术主要包括两方面，其一就是卸压，即通过卸压分段的回采，在下分段形成一定范围的应力降低区域；其二就是开采，开采既包括卸压分段的回采，也包括卸压分段以下分段的回采，而合理的采场布置形式以及采场结构参数是保证卸压开采取得成功的关键。可见，卸压是后续采场布置及回采的基础，而采场布置及参数选取也是卸压得以实现的前提。因此，卸压和回采是一个相辅相成的过程，卸压是回采后的卸压，回采是卸压后的回采。

5.1　影响卸压开采的因素分析

对于中厚矿体来说，如果采用无底柱分段崩落法进行卸压开采，其采场布置和结构参数的选取不同于厚大矿体的无底柱分段崩落法开采。由于受矿体水平厚度的限制，在无底柱分段崩落法采场布置中往往需要沿矿体走向布置回采进路；根据不同的矿体倾角情况，其回采进路需要布置在矿体中或下盘围岩中。此外，为了充分达到卸压的目的，上下几个分段在采场结构参数选择和设计中应相互兼顾，综合考虑。

因此，在中厚矿体无底柱分段崩落法卸压开采中，影响其采场结构参数选择和进路布置位置以及整体开采效益的因素主要有矿体水平厚度 B，矿体倾角 α_1，卸压角 φ，上盘炮孔边孔角 θ_1，下盘炮孔边孔角 θ_2，散体放出角 β_1，确定的回采分段高度 H，回采巷道到矿体下盘的距离 L，以及由这些参数确定的需要开采的下盘围岩面积 S_1 和上盘围岩面积 S_2。整个分段崩落法卸压开采采场结构如图 5-1 所示。

从以上这些参数可以看出，矿体水平厚度和矿体倾角在特定区域可以认为是固定值；对于一定区域的矿岩崩落散体，其散体放出角也可以认为是一确定值。而其余参数都是在一定的取值范围内的可变值。因此，整个中厚矿体的无底柱分段崩落法卸压开采效益是主要受以上这些采场结构参数影响的，当然还受一些人为因素的影响，比如现场管理水平、工人操作水平等。此外，现场地质条件的复杂性、突变性也是影响开采效益的因素。

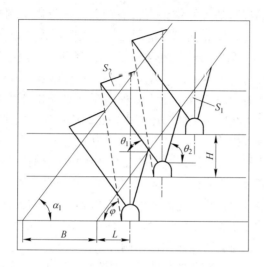

图 5-1 分段崩落法卸压开采采场结构示意图

5.2 采场结构参数与卸压开采的关系

基于采场结构参数对于无底柱分段崩落法卸压开采效益的影响，需要通过对这些影响采场结构布置的参数进行优选，从而达到采场结构参数影响下的开采指标及效益的最佳状况。前面已经表明，矿体水平厚度和倾角是不变值，因此，其他参数的选取是在一定矿体条件下的优选。

5.2.1 卸压角的确定

按图 5-1 所示，将上分段的上盘回采边界到下分段的巷道布置位置连线与下分段靠近矿体一侧的分段线之间的夹角称为卸压角。对于卸压角的确定，需要参考前面的数值分析结果。根据第 4 章方案 1 空区跨度对地压分布规律的影响分析结果，说明卸压角并不是一个固定不变的值，它是随空区跨度大小、应力降低区的延伸深度而变化的。从方案 1 的分析来看，空区跨度大约在 30 ~ 40m 时，发生应力降低的位置基本可以从空区投影边界开始，中厚矿体厚度一般在 4 ~ 15m，因此开采后发生应力降低的位置在空区投影边界外。但是从方案 1 中

10m 和 20m 情况下的计算结果可以看出，空区投影范围外的应力降低程度都不超过 10%，而投影范围内的应力降低程度则会显著增加；从方案 1 中 10m 和 20m 空区跨度下的应力降低位置随深度的变化可以看出，随着深度的增加，应力降低程度也逐渐减弱并从空区投影中心部位向外减弱，而整个应力降低程度超过 20% 的深度约等于空区的跨度。这说明在中厚矿体卸压开采中，卸压角与空区跨度和应力降低区的延伸深度相关。

方案 2 的数值计算结果表明，受矿体倾角的影响，其应力降低区域和应力升高区域都会向矿体倾向的法线方向偏移，在垂向应力变化范围内，在空区上盘投影边界附近，发生应力降低的位置随深度的增加也从空区投影范围外向空区投影范围内移动，这说明中厚矿体卸压开采中，卸压角还受矿体倾角的影响。

综合方案 1 和方案 2 的数值计算结果可以得出，中厚矿体进行无底柱分段崩落法卸压开采中，其卸压角的取值范围与空区跨度、应力降低区的延伸深度、矿体倾角有关。受这三个因素的影响，中厚矿体在开采后其上盘卸压范围会向下盘发生整体旋转偏移，因此卸压角的取值范围也会相应地减小。

根据方案 1 和方案 2 的计算结果可以看出，在中厚倾斜矿体卸压开采中，其卸压角以不超过空区上盘边界投影位置时的卸压角为宜，即卸压角的最大值确定为 90°。根据数值分析结果，不管回采形状如何，在空区以下应力降低范围内的同一水平上，越靠近空区投影中部卸压程度越高，也就是说随着卸压角的降低，其卸压程度反而越大。

无底柱分段崩落法卸压开采中，卸压角 φ 的取值影响着回采巷道的位置布置，也影响着卸压程度的高低。从前面的分析得出，无底柱分段崩落法卸压开采中卸压角 φ 的最大值可以确定为 90°，此时下分段回采巷道布置最靠近矿体下盘的位置是上分段回采后上盘回采边界在下分段的垂直投影部位；当回采巷道布置在上分段回采后，下盘回采边界在下分段的垂直投影部位时，是最小卸压角 φ'。因此，从卸压的角度考虑，在分段高度确定的情况下，下分段回采巷道的布置位置受卸压角的控制，即：

$$\varphi' \leqslant \varphi \leqslant 90° \tag{5-1}$$

当卸压角取最小值 φ' 时，此时下盘边孔角的取值大于 90°，因此，从整个采场布置来看，卸压角不能取最小值 φ'。而可取的最小卸压角是当下盘边孔角 β 等于 90° 时的卸压角 φ''，即：

$$\varphi'' \leqslant \varphi \leqslant 90° \tag{5-2}$$

从卸压的角度考虑，φ 越接近 φ''，卸压程度越高，卸压效果越好。卸压角的范围确定如图 5-2 所示。

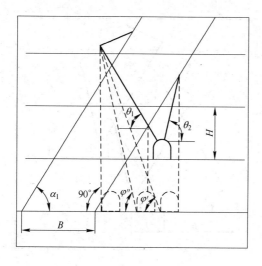

图 5-2　卸压角取值范围示意图

5.2.2　边孔角与卸压开采的关系

对于中深孔凿岩爆破来说，有上盘边孔角和下盘边孔角。根据随机介质放矿理论的研究及应用成果，在厚大矿体中采用无底柱分段崩落法中深孔凿岩爆破时，其合理的边孔角可以根据崩落法矿石的流动特性来确定。边孔角过大，造成崩矿量减少；边孔角过小，崩落的边部矿石处于放出流动范围之外而无法放出，并对下分段的脊部三角区形成过挤压条件，从而降低三角区域的爆破效果而形成过多的大块。

对中厚矿体进行无底柱分段崩落法卸压开采时，边孔角的大小还与卸压开采的效果及卸压采场的布置有关。从图5-1可以看出，上盘边孔角和下盘边孔角对于卸压开采的影响也有所不同。在上盘边孔角长度一定的条件下，其角度的大小影响着空区跨度的大小，进而影响着下分段卸压范围的大小及位置；上盘边孔角的大小还影响着下分段下盘边孔角的大小；在空区跨度一定的条件下，上盘边孔角的大小影响着炮孔的长度。边孔角对卸压开采的影响关系如图5-3所示。

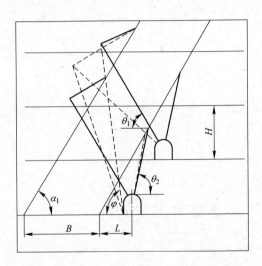

图5-3　边孔角与卸压角的关系

从图5-3可以看出，降低上盘边孔角，可以增大空区跨度，进而减小卸压角，从而使下分段相同位置处的巷道卸压程度增强；降低上盘边孔角，可以增大下盘边孔角的大小，从而更有利于覆岩下放矿。此外，降低上盘边孔角之后，在确定巷道位置的情况下，如果卸压角不大于90°则可以少崩落上盘岩石。因此，从卸压开采的角度考虑，降低上盘边孔角更有利于卸压开采。

根据随机介质放矿理论的研究成果及其在矿山的应用结果，上盘边孔角可以根据散体放出过程中的移动范围来确定，即上盘边孔角与放矿移动范围相适应，用数学的形式可表示为：

$$\theta_1 = f_1(R, \alpha, \beta) \tag{5-3}$$

式中 R——散体移动范围；

α, β——与散体的流动性及放出条件有关的常数。

前面已经分析得出，在中厚矿体无底柱分段崩落法卸压开采中，上盘边孔角应尽可能小，因此卸压开采中的上盘边孔角应满足下式：

$$\theta_1 = \min f_1(R, \alpha, \beta) \tag{5-4}$$

前面还分析了无底柱分段崩落法卸压开采中，上盘边孔角的大小影响着下盘边孔角的大小，相反，下盘边孔角也会影响上盘边孔角，进而影响卸压开采的效果。

中厚矿体进行无底柱分段崩落法卸压开采时下盘边孔角的大小应根据崩落矿岩散体的最小放出角确定，即下盘边孔角不能小于散体的最小放出角 β_1；而下盘边孔角的最大值则应小于 $90°$，即：

$$\beta_1 \leqslant \theta_2 < 90° \tag{5-5}$$

对于一定采场结构参数下的下盘边孔角，可根据图 5-1 中的几何关系计算得出。

5.2.3 分段高度与卸压开采的关系

无底柱分段崩落法采场结构布置中最主要的参数是进路间距、分段高度和崩矿步距，这三个参数的取值对于回采指标的好坏有着重要的影响。为此，国内外研究者对这三个参数的取值及确定方法做了大量研究。根据放矿理论，依据崩落散体的空间放出体形态，以及矿石最佳回收时的放出体空间分布形式来确定采场结构参数的方法已经被广泛接受。然而在卸压开采中，除了要考虑矿石的最佳回收之外，还要考虑卸压效果。

中厚矿体采用无底柱分段崩落法卸压开采时，回采进路沿矿体走向布置，而且一般只布置一条回采进路，因此不存在相邻回采进路间距的问题。但是，对于中厚矿体采用无底柱分段崩落法卸压开采时回采进路布置位置的确定，却是一个比无底柱分段崩落法回采进路间距的确定更为困难和复杂的问题。根据不同的矿体条件，回采进路布置在矿体中还是布置在下盘围岩中，以及回采进路到底应该距矿体下盘多远，这都影响着回采指标的好坏及卸压程度的高低。分段高度同样是影响回采指标和卸压程度的因素之一，而且分段高度应该和进路位置有一个匹配的优化组合。为此，如果假设回采进路布置位置距矿体下盘位置为 L，分段高度为 H，那么 L 和 H 都将影响到回采指标和卸压效果，而 L 和 H 之间也应有一定的联系。

图 5-4 是分段高度与进路位置及卸压效果的关系示意图。根据图 5-4 所示关系，假设上部回采空区跨度已经确定，在其下部的分段高度和进路位置确定中，分段高度和进路位置都会影响到卸压开采的效果。当分段高度为 H 时，假设其卸压角为 φ，回采进路距矿体下盘的距离为 L。如果将分段高度增大为 H'，此时如果要保证卸压角不变，则回采进路需远离矿体位置，即 L 将增大，这意味着将开采更多的下盘围岩。在增大分段高度并保持卸压角不变的情况下，在水平方向可以粗略认为卸压程度基本不变，但是从前面的数值分析可知，增大分段高度在垂直方向同样会降低卸压程度。因此，在增大分段高度后，要保持卸压效果不变，则需要将回采进路布置到更靠近空区投影的中部位置，即需要进一步增大 L，减小卸压角 φ。

在增大分段高度之后，如果保持进路位置 L 不变，则需要增大卸

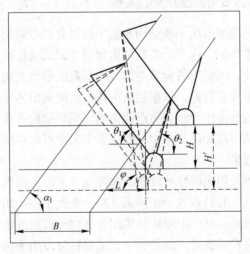

图 5-4　分段高度与进路位置及卸压效果间关系示意图

压角 φ，而卸压角的增大会降低卸压程度，同时分段高度的增大也降低了卸压程度。从卸压开采的角度考虑，这种情况并不利于卸压开采。但是在这种条件下，如果要保证卸压开采的效果，则需要增大上分段上盘的空区范围，即增大空区跨度，减小卸压角 φ。要增大上分段空区跨度，可以增大上盘炮孔的长度，开掘更多的上盘岩石，也可以减小上盘边孔角大小来扩大空区跨度。

同样，如果保持分段高度不变，进路位置的改变也会影响卸压开采的效果，这主要是由于进路位置的变化改变了卸压角的大小，从而影响着卸压程度的高低。可见，在无底柱分段崩落法卸压开采中，分段高度的选择应考虑到卸压程度的高低。而从前面的数值计算结果看，在中厚矿体开采中，卸压效果最好的延深范围是不大于空区跨度长度的深度范围。因此，在无底柱分段崩落法卸压开采中，分段高度的确定应使分段高度不大于上分段的空区跨度长度，即：

$$H \leqslant l \tag{5-6}$$

式中　l——空区跨度长度。

5.2.4　矿体产状与卸压开采的关系

研究卸压开采不但要考虑卸压效果的好坏，而且还应使卸压开采方案或参数能达到或满足开采中的技术经济要求。矿体产状的不同将会影响到卸压开采的效果，甚至影响到卸压开采的可行性。

图 5-5 是矿体倾角与卸压开采的关系示意图。从图中可以看出，当矿体倾角减小后，在不改变分段高度和卸压角的情况下，所开掘的上下盘围岩都将增大，这将造成矿石过高的贫化率。如果要减少贫化率，就得少开掘上下盘围岩，因此需要调整分段高度和回采进路的位置并改变上下盘边孔角的大小。这些参数的改变不但会影响到卸压开采的效果，而且还会影响到整个开采的技术经济指标，因此矿体倾角对于卸压开采有着重要影响。在考虑开采技术经济指标后，过小的矿体倾角将可能因不能同时满足卸压要求和技术经济指标要求而无法实行卸压开采。

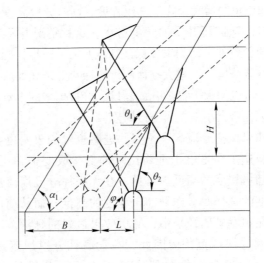

图 5-5   矿体倾角与卸压开采的关系

图 5-6 是矿体厚度与卸压开采的关系示意图。从图中可以看出，减小矿体厚度，在不改变上盘边孔角的情况下，将会增大卸压角；要保持卸压角不变则需要减小上盘边孔角，或者降低分段高度，改变回采巷道的位置。这就说明改变矿体厚度也会影响到卸压开采的结构

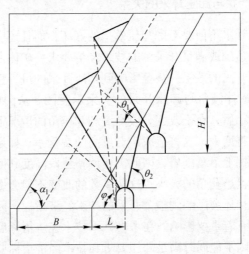

图 5-6   矿体厚度与卸压开采的关系

参数。

从矿体产状对无底柱分段崩落法卸压开采的影响可以看出，为了满足卸压开采要求和合理的技术经济指标，矿体产状也被限制在一定的范围之内，而具体的可实行卸压开采的矿体产状上限和下限则需要根据不同的结构参数下所能取得的技术经济指标来确定。

此外，在中厚矿体无底柱分段崩落法卸压开采中，不但要满足卸压，而且还应充分考虑卸压开采的技术经济指标，即无底柱分段崩落法卸压开采的技术经济指标也得满足生产中可接受的最低技术经济指标。

5.3 中厚倾斜矿体无底柱分段崩落法卸压开采的数学模型

对中厚矿体采用无底柱分段崩落法进行卸压开采时，其中存在着一对重要的矛盾，即卸压效果与回采指标之间的矛盾。对于倾角不足的中厚矿体，为了卸压实现下部巷道的稳定并降低支护等级，需要将回采进路布置在下盘围岩中。而在上分段回采后，从卸压的角度考虑，需要将下分段的回采巷道布置在上分段回采后的应力降低区，这就需要根据矿体倾角不同将回采巷道布置在远离矿体的不同位置，形成大量的下盘切岩量，从而造成回采指标的恶化。而从保证回采指标的角度出发，回采巷道应尽可能布置在矿体中，或少崩落下盘围岩，这就使卸压和回采指标控制成为一对相对立的矛盾关系。因此，在中厚矿体的卸压开采中，如何合理选择采场结构参数，从而尽可能地在满足正常开采的前提下降低两者之间的矛盾则是一个重要而困难的问题。

对于影响中厚矿体无底柱分段崩落法卸压开采的主要采场参数因素，前面已经做了分析，并且分析了不同开采要求下的采场结构参数应满足的要求和条件。在采矿生产中，实现资源的高效、安全和经济开采是整个生产的总目标，而影响这一目标的因素和环节是多方面的，也是复杂的，本书所研究和涉及的只是开采环节中的无底柱分段崩落法采场结构参数对开采效益的影响。

在对中厚矿体采用无底柱分段崩落法卸压开采时，要优化采场结构参数并确定出合理可行的采场结构参数需综合考虑各种因素，前面所述的各种条件也不是全部条件，例如：在实际的采场结构参数确定中还应考虑地质条件的影响，如破碎带、断层等，在确定回采进路位置时应避开这些影响巷道稳定性的区域。因此，如果以采场结构参数影响下的开采效益 P 最大为目标函数，则

$$\max P = f(B,H,l,L,\alpha,\beta,\alpha_1,\theta_1,\theta_2,\varphi) \tag{5-7}$$

式中各符号意义同前。

在中厚矿体无底柱分段崩落法卸压开采中，其卸压开采机理是将下分段的回采巷道布置在上分段回采后的应力降低区内，而在采场布置及参数选择上则要同时满足卸压和回采技术经济指标两个条件。因此，中厚矿体无底柱分段崩落法卸压开采的采场结构参数应满足的数学条件可以表示为：

$$\max P = f(B,H,L,\alpha,\beta,\alpha_1,\theta_1,\theta_2,\varphi)$$

$$\text{s. t.}\begin{cases} \varphi'' \leqslant \varphi \leqslant 90° \\ \theta_1 = \min f_1(R,\alpha,\beta) \\ \beta_1 \leqslant \theta_2 \leqslant 90° \\ H \leqslant l \end{cases} \tag{5-8}$$

式中各符号意义同前。

式（5-8）是中厚倾斜矿体满足无底柱分段崩落法卸压开采时所必须具备的采场结构参数条件，只有具备这个条件才可以实现有效卸压。但是在中厚矿体无底柱分段崩落法卸压开采中，采场结构参数的选取还应考虑开采的技术经济指标，也就是说式（5-8）并不能确定中厚矿体无底柱分段崩落法卸压开采的采场结构参数，只能作为其卸压开采的优化约束条件。此外，在具体的中厚矿体无底柱分段崩落法卸压开采中，还应考虑具体的矿岩地质条件。

从上面的分析也可以看出，并不是所有的中厚倾斜矿体都可以采用无底柱分段崩落法卸压开采，而需要根据矿体自然赋存条件和特征，结合中厚矿体无底柱分段崩落法卸压开采应具备的条件和技术经

济指标进行综合分析，且矿体的水平厚度和倾角始终影响着采场的布置及采场结构参数的选取。因此，对于中厚矿体来说，能否采用无底柱分段崩落法进行卸压开采，或者采用无底柱分段崩落法进行卸压开采能否取得好的效果，矿体厚度和倾角以及所选取的卸压开采采场结构参数起着至关重要的作用。

6 崩落法卸压开采适用条件

卸压开采需要根据回采引起的岩体应力场变化规律和分布特征，通过合理的结构参数选择和采场结构布置，使得卸压分段回采后其下分段回采工程处于应力降低区域，并采取有效的支护手段，从而保证下分段回采工程的稳定性和可靠性。但是卸压开采不仅要实现矿体的安全开采，也需要取得良好的技术经济效益，因此，卸压开采不但要考虑卸压效果还应考虑卸压参数对技术经济指标的影响。为此，研究中厚矿体卸压开采参数与技术经济指标之间的关系，并根据二者的关系确定适合采用崩落法卸压开采的中厚矿体条件对于卸压开采技术的应用以及取得良好的卸压开采效益十分重要。

6.1 卸压开采影响因素

从第 5 章研究已知，影响卸压开采效果的因素主要有矿体水平厚度 B，矿体倾角 α_1，卸压角 φ，上盘炮孔边孔角 θ_1，下盘炮孔边孔角 θ_2，散体放出角 β_1，确定的回采分段高度 H，回采巷道到矿体下盘的距离 L，以及由这些参数确定的需要开采的下盘围岩面积 S_1 和上盘围岩面积 S_2。整个分段崩落法卸压开采采场结构如图 5-1 所示。

第 5 章分析中已知，上述影响参数取值时，矿体水平厚度和矿体倾角在一定区域内可以视为固定值，矿岩崩落散体放出角为矿岩散体固有属性，其参数取值为一常量，其余参数都是在一定取值范围内的可变值。因此，整个中厚矿体无底柱分段崩落法卸压开采效果以及开采所能取得的技术经济指标均受这些参数的影响，而这些参数影响下的整体开采效益则是衡量矿体能否采用卸压开采技术的关键。因此，对于不同产状的中厚矿体，其适合卸压开采的条件即是要综合考虑卸压效果和技术经济指标。

6.2 卸压开采适用条件建立

6.2.1 卸压开采约束条件

中厚矿体采用无底柱分段崩落法进行卸压开采时，为了达到卸压目的，其采场结构参数应满足的约束条件为：

$$\max P = f(B,H,L,\alpha,\beta,\alpha_1,\theta_1,\theta_2,\varphi)$$

$$\text{s. t.} \begin{cases} \varphi'' \leqslant \varphi \leqslant 90° \\ \theta_1 = \min f_1(R,\alpha,\beta) \\ \beta_1 \leqslant \theta_2 \leqslant 90° \\ H \leqslant l \end{cases} \quad (6\text{-}1)$$

式中　　P——开采效益；

l——空区跨度长度；

R——散体移动范围；

α,β——与散体的流动性及放出条件有关的常数；

φ''——下盘边孔角 β 等于 $90°$ 时的卸压角；

其余各符号意义同前。

式（6-1）是中厚倾斜矿体满足无底柱分段崩落法卸压开采时所必须具备的采场结构参数条件，只有具备这个条件才可以实现有效卸压。

6.2.2 卸压开采适用条件

中厚矿体无底柱分段崩落法卸压开采中，不同的结构参数将会取得不同的技术经济指标。在满足卸压条件之后，需要根据卸压参数来计算开采所能取得的技术经济指标，也就是说，在卸压开采参数下，如果回采不能取得合理的技术经济指标，那么将无法采用卸压开采方式。而崩落法进行卸压开采时，所需要考虑的技术经济指标主要是损失率和贫化率。虽然引起崩落法开采损失和贫化的原因很多，但无底柱分段崩落法的采场结构和参数则是影响回采损失率和贫化率的主要因素，即在中厚矿体采用无底柱分段崩落法进行卸压开采时，采场结构参数的选取影响着卸压效果和损失率及贫化率。

根据图 5-1 所示的中厚矿体崩落法卸压开采采场结构示意图可以看出，由于卸压和矿石回收的需要而开掘的部分废石是引起矿石贫化的主要原因。矿石的损失率和贫化率之间也存在矛盾的关系，即为了多回收下盘矿石，必须多开掘下盘围岩。因此，以卸压和最大程度回收下盘矿石为目标，卸压采场回采时需要崩落的废石即为下盘围岩面积 S_1 和上盘围岩面积 S_2 所包含的废石量。当上下盘崩落的废石均没有品位时，则可按崩矿设计的废石混入率 r 进行计算，即：

$$r = \frac{S_1 + S_2}{S_1 + S_2 + HB} \tag{6-2}$$

当矿体上下盘废石具有一定品位时，则可按设计崩矿品位 C_b 进行计算，即：

$$C_b = \frac{C_1 S_1 + C_2 S_2 + CHB}{S_1 + S_2 + HB} \tag{6-3}$$

式中　C——矿石平均地质品位；

　　　C_1——下盘围岩品位；

　　　C_2——上盘围岩品位。

崩落的上下盘围岩量可根据矿体产状、布置的采场结构及参数进行计算。根据图 5-1 所示卸压采场结构布置方式，依据采场结构间几何关系，可推导出开掘的废石量与采场结构参数间的关系为：

$$S_1 = \frac{1}{2} H^2 (\cot\alpha_1 - \cot\theta_2) \frac{\cot\alpha_1 + \cot\theta_1}{\cot\theta_2 + \cot\theta_1} - \frac{180° - \theta_1 - \theta_2}{360} r_1^2 \pi \tag{6-4}$$

$$S_2 = \frac{1}{2} \left[\frac{(H + h)\cot\varphi + 0.5b + H\cot\alpha_1}{\cot\theta_1 - \cot\varphi} - \frac{B + L - h\cot\alpha_1}{\cot\alpha_1 + \cot\theta_1} \right]$$

$$\left[\frac{(h + H)\cot\varphi + 0.5b + H\cot\alpha_1}{\cot\theta_1 - \cot\varphi} (\cot\alpha_1 + \cot\theta_1) - \right.$$

$$\left. (B + L - h\cot\alpha_1) \right] \tag{6-5}$$

$$L = H(\cot\alpha_1 - \cot\theta_2) \frac{\cot\alpha_1 + \cot\theta_1}{\cot\theta_2 + \cot\theta_1} + r_1 \cot\alpha_1 \tag{6-6}$$

式中　h——中深孔凿岩中心高度；

　　　b——回采巷道宽度；

r_1——巷道拱部半径；

其余符号意义同前。

中厚矿体卸压开采时，在卸压采场的结构及参数下所确定的废石混入率要小于矿石开采时所允许的最大废石混入率或设计的崩矿品位要大于允许的最小崩矿品位，即：

$$r \leqslant [r] \quad \text{或} \quad C_b \geqslant [C_b] \tag{6-7}$$

式中　$[r]$——开采所允许的最大废石混入率；

　　　$[C_b]$——开采所允许的最小崩矿品位。

根据式（6-2）、式(6-4)～式(6-7)可以确定满足地下开采技术经济指标的卸压开采采场结构参数，即：

$$\cfrac{\begin{aligned}&\frac{1}{2}H^2(\cot\alpha_1-\cot\theta_2)\frac{\cot\alpha_1+\cot\theta_1}{\cot\theta_2+\cot\theta_1}-\frac{180°-\theta_1-\theta_2}{360}r_1^2\pi+\\[4pt]&\frac{1}{2}\Bigg[\frac{(H+h)\cot\varphi+0.5b+H\cot\alpha_1}{\cot\theta_1-\cot\varphi}-\\[4pt]&\frac{B+H(\cot\alpha_1-\cot\theta_2)\dfrac{\cot\alpha_1+\cot\theta_1}{\cot\theta_2+\cot\theta_1}+r_1\cot\alpha_1-h\cot\alpha_1}{\cot\alpha_1+\cot\theta_1}\Bigg]\\[4pt]&\Bigg[\frac{(h+H)\cot\varphi+0.5b+H\cot\alpha_1}{\cot\theta_1-\cot\varphi}(\cot\alpha_1+\cot\theta_1)-\\[4pt]&\Big(B+H(\cot\alpha_1-\cot\theta_2)\frac{\cot\alpha_1+\cot\theta_1}{\cot\theta_2+\cot\theta_1}+r_1\cot\alpha_1-h\cot\alpha_1\Big)\Bigg]\end{aligned}}{\begin{aligned}&\frac{1}{2}H^2(\cot\alpha_1-\cot\theta_2)\frac{\cot\alpha_1+\cot\theta_1}{\cot\theta_2+\cot\theta_1}-\frac{180°-\theta_1-\theta_2}{360}r_1^2\pi+\\[4pt]&\frac{1}{2}\Bigg[\frac{(H+h)\cot\varphi+0.5b+H\cot\alpha_1}{\cot\theta_1-\cot\varphi}-\\[4pt]&\frac{B+H(\cot\alpha_1-\cot\theta_2)\dfrac{\cot\alpha_1+\cot\theta_1}{\cot\theta_2+\cot\theta_1}+r_1\cot\alpha_1-h\cot\alpha_1}{\cot\alpha_1+\cot\theta_1}\Bigg]\\[4pt]&\Bigg[\frac{(h+H)\cot\varphi+0.5b+H\cot\alpha_1}{\cot\theta_1-\cot\varphi}(\cot\alpha_1+\cot\theta_1)-\\[4pt]&\Big(B+H(\cot\alpha_1-\cot\theta_2)\frac{\cot\alpha_1+\cot\theta_1}{\cot\theta_2+\cot\theta_1}+r_1\cot\alpha_1-h\cot\alpha_1\Big)\Bigg]+HB\end{aligned}}\leqslant[r] \tag{6-8}$$

在式（6-8）中，由于矿体水平厚度 B，矿体倾角 α_1 在一定矿体范围内为确定值，卸压角 φ 可由（6-1）确定；上盘炮孔边孔角 θ_1，下盘炮孔边孔角 θ_2 可根据散体放出角 β_1 和散体固有流动特性参数确定，从而可以确定满足开采技术经济指标的回采分段高度 H 与容许的最大废石混入率间关系；结合式（6-1）中满足卸压开采的分段高度范围便可以确定出既满足卸压开采要求，又满足开采技术经济指标的最佳分段崩落法卸压开采时的合理分段高度 H。

根据确定的卸压开采中满足技术经济指标的分段崩落法分段高度 H 便可以确定出卸压开采中满足技术经济指标的合理的回采巷道到矿体下盘的距离 L，从而确定出崩落法开采中厚矿体时的最佳卸压开采参数。

因此，当矿体产状条件确定时，根据式（6-7）可以分析在满足卸压开采的条件下，所确定的卸压采场结构及参数是否可以满足技术经济指标的要求；同样，在满足卸压条件下，为了同时达到技术经济指标的要求，可以根据式（6-7）计算适合进行卸压开采的矿体条件。这说明，只有同时符合式（6-1）和式（6-7）所示条件才能实现中厚矿体崩落法卸压开采，并符合技术经济指标的要求。因此，式（6-1）和式（6-7）是中厚矿体崩落法卸压开采的适用条件。

6.3 卸压开采影响因素与技术经济指标间影响关系

中厚矿体采用卸压开采技术回采时，卸压效果与回采指标之间存在一定的矛盾关系，但卸压开采的技术经济指标是受卸压开采参数共同影响的，而各卸压开采参数对技术经济指标的影响程度也不同，可以通过分析单一参数与技术经济指标之间的关系来研究卸压参数对技术经济指标的影响。因此，在某个卸压开采参数变化而其他参数不变的情况下，需要分析矿体厚度、倾角、卸压开采的卸压角、分段高度、上下盘边孔角与废石混入量之间的关系。

图 6-1 ~ 图 6-6 分别是单个参数变化而其他参数不变时，废石混入率与变化参数之间的关系。

图 6-1 是矿体厚度与废石混入率之间的关系。从图中可以看出，随着矿体厚度的增加，废石混入率明显降低。这说明，对于中厚矿体

来说，矿体厚度越小越不利于实现卸压开采。

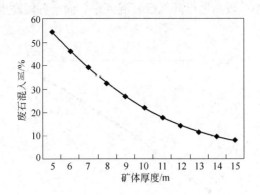

图 6-1 矿体厚度与废石混入率关系

图 6-2 是矿体倾角与废石混入率之间的关系。从图中可以看出，随着矿体倾角的增加，废石混入率也明显降低。这说明，在中厚矿体进行卸压开采时，矿体倾角越小，需要开掘的废石量越多，从而无法达到技术经济指标的要求。

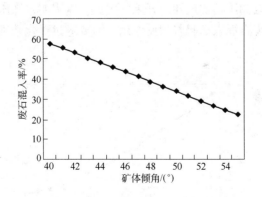

图 6-2 矿体倾角与废石混入率关系

图 6-1 和图 6-2 说明，矿体厚度和倾角对于卸压开采时的技术经济指标影响较大。在进行卸压开采并考虑技术经济指标时，需要考虑矿体厚度和倾角对开采方案的影响。

图 6-3 是分段高度与废石混入率之间的关系。从图中可以看出，

随着分段高度增加，废石混入率明显增大。这说明，中厚矿体卸压开采时应采用小分段高度以降低废石混入率，而小分段高度也有利于提高卸压程度。

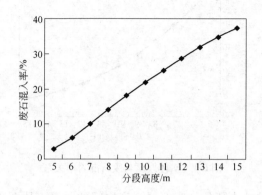

图 6-3　分段高度与废石混入率关系

图 6-4 是卸压角与废石混入率之间关系。从图中可以看出，随着卸压角的增大，废石混入率明显降低，但是卸压角的增大会降低卸压程度，而有效卸压是实现卸压开采的关键。这表明，卸压角大小对于卸压程度和废石混入率起着相反作用，需要通过优化来确定合理的卸压角。

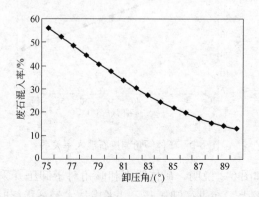

图 6-4　卸压角与废石混入率关系

图 6-5 是上盘边孔角与废石混入率之间关系。从图中可以看出，

随着上盘边孔角的增大废石混入率明显增大。这说明，中厚矿体卸压开采时可以采用较小上盘边孔角来降低废石混入率。但是根据理论研究结果，上盘边孔角还对卸压程度、崩落矿石放出范围以及下分段爆破效果有一定影响，因此上盘边孔角的确定需要综合考虑这些因素。

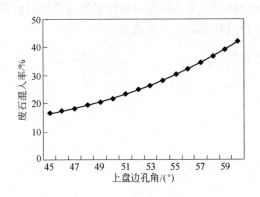

图 6-5　上盘边孔角与废石混入率关系

　　图 6-6 是下盘边孔角与废石混入率之间关系。从图中可以看出，随着下盘边孔角的增大，废石混入率发生小幅升高。这说明，下盘边孔角大小对废石混入率影响相对较小，但是下盘边孔角大小影响着崩落散体放出后的残留量，对崩落矿石损失有一定影响，因此要减少矿石损失，必须选择较大下盘边孔角。

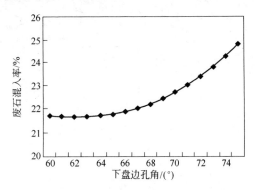

图 6-6　下盘边孔角与废石混入率关系

　　通过上述分析可见，中厚矿体崩落法卸压开采的采场结构及参数不但影响着卸压开采的效果，而且影响着崩落法卸压开采的技术经济指标。卸压开采影响因素对卸压效果和开采技术经济指标影响的矛盾性限制了卸压开采的适用条件，而对于能够采用崩落法卸压开采的中厚矿体，其采场参数的确定需要考虑卸压效果和技术经济指标的双重影响结果，并在同时满足卸压效果和技术经济指标的前提下进行采场参数优化来取得最好的卸压开采效益。

7 卸压与支护间协调关系

受采动和开挖的影响，巷道周围岩体中的应力平衡状态在遭到破坏之后，需要重新进行应力分布，从而在巷道周边围岩中出现应力集中区或应力释放区，并引起巷道周围岩体的位移和变形。当巷道周围岩体中重新分布的应力超过了岩体的极限强度或应变超过允许极限应变时，巷道便会发生破坏。大量的现场巷道矿压观测及实验室模拟研究结果表明，影响采准巷道围岩稳定性的主要因素是矿山地质因素和生产技术因素。

地下矿山不管采用哪种采矿方法回采，顺利开采的关键之一就是在整个回采期间保持主要采准巷道的稳定。而采准巷道的稳定性是一个复杂的系统工程，必须采用综合治理的措施。为了保证采准巷道稳定性的总体效果最佳，需要对巷道矿压全过程进行控制，如从采准巷道合理位置的选择到采准巷道支护方式及支护等级的选择等。

决定巷道围岩稳定性的三大关键因素是围岩应力、围岩强度和支护形式，而降低围岩应力，提高围岩强度并选择合理的支护形式是保证巷道稳定性的关键。通过卸压开采方案可以有效地降低下分段采准巷道部位的应力大小，提高巷道的稳定性，保证回采顺利进行。但是对于维护采准巷道的稳定性来说，仅仅通过卸压是不能完全保证巷道稳定性的，还需要根据不同的地质条件选择不同的支护形式，从卸压和支护两方面入手来维护巷道的稳定性。

巷道支护对巷道围岩稳定性具有重要作用，合理的巷道支护能有效地预防或降低围岩的移动，保证巷道围岩的稳定性。巷道围岩的变形与破坏形式，在很大程度上可以直接反映出围岩内部应力的调整过程和结果[1]。巷道在开挖之后，由于区域内岩体应力的释放，在巷道周围会形成一定范围和深度的拉应力区域，从而促使巷道周围岩体产生变形与破坏。而巷道周围岩体的节理裂隙发育程度也会影响岩体的稳定程度，加剧巷道的变形与破坏。

理论研究和生产实践证明，岩体既是一种荷载体，又是一种承载体。因此，对地压的控制应立足于化荷载为结构、变消极为积极的观点之上[2]。在巷道支护上应根据岩体的特点，最大限度地利用和发挥岩体的自承载能力。根据支护体对围岩作用的机理不同，巷道支护基本上分为两大类：一类是用支架、砌体等方法直接支撑围岩，称为支护；另一类是注入水泥浆或化学剂等来补强围岩，最大限度地发挥围岩的自承载作用，称为加固[3]。因此，在支护方法和支护工艺上，应采取内加固与外支护的支护理论，来提高岩体的整体稳定性，从而使围岩的稳定性与采矿方法相适应[4~6]。

支护形式选择的正确与否，关系到支护的成败和经济效果的好坏，这就要求所选用的支护形式和结构能适应围岩的位移和应力分布特点。研究表明，原岩应力的大小和方向对巷道围岩稳定状态有很大影响。

采准巷道服务年限一般较短，随着回采的进行，这些回采巷道也随着消失，因此其支护等级和数量，应视矿岩物理力学性质、存留时间、断面大小等因素，本着经济实用的原则而定[4]。

7.1　锚杆支护的发展及应用现状

从锚杆与围岩的相互作用来看，锚杆是兼有支护与加固两种作用的支护形式[3]。

锚杆支护最早是在煤矿开始应用的，之后在金属矿山开始使用并得到迅速发展和推广。最早使用锚杆支护的是 Alfred Busch 于 1912 年在 Friedens 煤矿使用锚杆支护顶板，之后美国金属矿也开始使用锚杆。在 20 世纪 50 年代，英、法、德、瑞典等国也开始研究和应用锚杆支护，如今经过几十年的发展，锚杆支护已成为巷道支护的主要形式。

锚杆支护的发展，主要经历了如下的历程：

1945~1950 年，机械式锚杆研究与应用；

1950~1960 年，广泛采用机械式锚杆，并开始对锚杆支护进行系统研究；

1960~1970年，树脂锚杆推出并在矿井得到应用；

1970~1980年，发明管缝式锚杆、胀管式锚杆并应用，研究新的设计方法，长锚索产生；

1980~1990年，混合锚头锚杆、桁架锚杆、特种锚杆等得到应用，树脂锚固材料得到改进；

1990~2000年，以螺纹钢锚杆为代表的锚杆加之长锚索得到广泛的应用；

1990~，纤维塑料锚杆研制成功，并获得应用。

我国锚杆支护开始于20世纪50年代，但只是在较稳定的围岩巷道中获得了成功，而在较松软破碎的围岩巷道中并没有获得较好效果。通过国家"七五"和"八五"科技攻关，锚杆支护在软岩巷道支护中也取得了较好的效果。总之经过几十年的探索发展，我国的锚杆支护技术也取得了较好的成绩。

目前，在世界采矿中可以看出，随着更广泛地采用带自移动设备的采矿方法，锚杆支护正在得到更普遍的应用。世界上各类锚杆多达600多种。每年实验锚杆量多达2.5亿根，它们广泛地应用在工业民用建筑、隧道桥梁、矿山建设、高陡边坡、大型地下硐室、大型弧门闸墩、大坝及坝基各类建筑物的加固、抗浮工程、抗倾覆工程、锚拉工程等。锚杆支护技术的快速发展也带动了锚杆支护理论的研究[7]。

7.2 锚杆支护理论的发展现状

锚杆支护理论的发展不但可以解释锚杆支护中锚杆与岩体的相互作用，而且还能为锚杆支护的设计提供理论依据。目前的锚杆支护理论主要有以下几种[7~9]。

7.2.1 悬吊理论

1952年Louis A. Panek等提出了悬吊理论，悬吊理论认为锚杆支护的作用就是将巷道顶板较软弱岩层悬吊在上部稳固的岩层上，如图7-1所示。

对于回采巷道揭露的层状岩体，直接顶板均有弯曲下沉变形趋

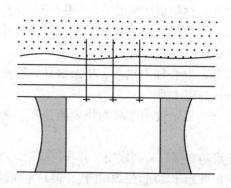

图 7-1   悬吊理论示意图

势，如果使用锚杆及时将其挤压，并悬吊在老顶上，直接顶板就不会与老顶离层乃至脱落。锚杆的悬吊作用主要取决于所悬吊的岩层的厚度，层数及岩层弯曲时相对的刚度与弹性模量，还受锚杆长度、密度及强度等因素的影响。这一理论提出的较早，满足其前提条件时，有一定的实用价值。但是大量的工程实践证明，即使巷道上部没有稳固的岩层，锚杆亦能发挥支护作用。例如，在全煤巷道中，锚杆就是锚固在煤层中也能达到支护的目的，说明这一理论有局限性。

7.2.2   组合梁理论

组合梁理论认为巷道顶板中存在着若干分层的层状顶板，可看作是以巷道两帮作为支点的一种梁，这种岩梁支承其上部的岩层荷载，如图 7-2 所示。使用锚杆将各层"装订"成一个整体的组合梁，防止岩石沿层面滑动，避免各岩层出现离层现象。在上覆岩层荷载作用下，这种较厚的组合梁相比单纯的叠加梁，其最大弯曲应变和应力将大大减小，挠度亦减小。而且各层间摩擦阻力愈大，整体强度愈大，补强效果愈好。但是这种理论在处理岩层沿巷道纵向有裂缝时梁的连续性问题和梁的抗弯强度问题方面有一定的局限性。

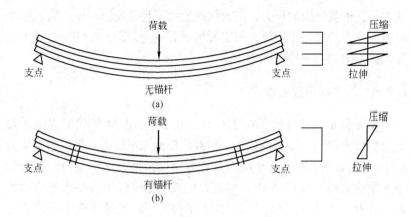

图 7-2　组合梁理论示意图

（a）无锚杆的叠加梁；（b）锚杆加固的叠加梁

7.2.3　组合拱理论

组合拱理论是由兰氏（T. A. Lang）和彭德（Pender）通过光弹试验提出来的。组合拱原理认为，在拱形巷道围岩的破裂区中，安装预应力锚杆时，在杆体两端将形成圆锥形分布的压应力，如果沿巷道周边布置的锚杆间距足够小，各个锚杆的压应力锥体相互交错，这样就会使巷道周围的岩层形成一种连续的组合带（拱），如图7-3所示。

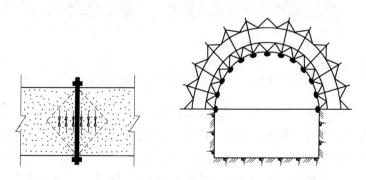

图 7-3　组合拱理论示意图

这种组合拱可承受上部岩石的径向荷载，如同碹体起到岩层补强的作用，承载外围的压力。组合拱理论的不足是缺乏对被加固岩体本身力学行为的进一步探讨，与实际情况有一定差距，在分析过程中没深入探索围岩-支护的相互作用。

7.2.4 最大水平应力理论

澳大利亚学者盖尔（W. J. Gale）在 20 世纪 90 年代初提出了最大水平应力理论。该理论认为，矿井岩层的水平应力一般是垂直应力的 1.3 ~ 2.0 倍。而且水平应力具有方向性，最大水平应力一般为最小水平应力的 1.5 ~ 2.5 倍。巷道顶底板的稳定性主要受水平应力影响，且有三个特点：（1）与最大水平应力平行的巷道受水平应力影响最小，顶底板稳定性最好；（2）与最大水平应力呈锐角相交的巷道，其顶板变形破坏偏向巷道某一帮；（3）与最大水平应力垂直的巷道，顶底板稳定性最差，如图 7-4 所示。

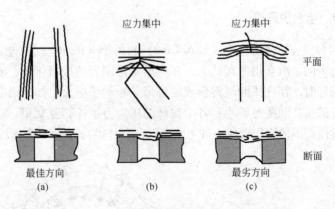

图 7-4 不同巷道布置方向的应力效应

最大水平应力理论，论述了巷道围岩水平应力对巷道稳定性的影响以及锚杆支护所起的作用。在最大水平应力作用下，巷道顶底板岩层发生剪切破坏，因而会出现错动与松动，引起层间膨胀，造成围岩变形。锚杆所起的作用是约束其沿轴向岩层膨胀和垂直于轴向的岩层剪切错动，因此要求巷道具备强度大、刚度大、抗剪阻力大的高强锚杆支护系统。

7.2.5 全长锚固中性点理论

全长锚固中性点理论由东北大学王明恕教授等提出。该理论认为在靠近岩石壁面部分（锚杆尾部），锚杆阻止围岩向壁面变形，剪力指向壁面；在围岩深处（锚杆头部），围岩阻止锚杆向壁面方向移动，锚杆上的剪力指向相背的分界点，这个点称为中性点，该点处剪应力为零，轴向拉应力为最大。由中性点向锚杆两端剪应力逐渐增大，轴向拉应力逐渐减少，如图7-5所示。

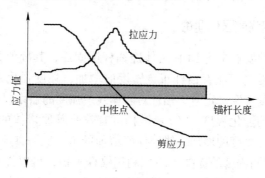

图7-5 锚杆受力曲线

该理论近年在国内理论分析中被普遍接受，但其理论形式还存在着一定的争议，因为该理论难以解释锚杆尾部的断裂机理，有人认为这是该理论假设未设托盘之故。

7.2.6 松动圈理论

围岩松动圈支护理论是由中国矿业大学董方庭教授提出，该理论是在对巷道围岩状态进行深入研究后提出的。研究发现围岩松动圈的存在是巷道固有的特性，它的范围大小（厚度值 L）目前可以用声波仪或者多点位移计等手段进行测定。巷道支护的主要对象是围岩松动圈产生、发展过程中产生的碎胀变形力；锚杆承受拉力的来源在于松动圈的发生、发展；根据围岩松动圈厚度值的大小，可将其分为小、中、大三类。松动圈的类别不同，则锚杆支护机理不同。Ⅰ类小松动圈 $L = 0 \sim 400 \text{mm}$，围岩的碎胀变形量很小，此类围岩巷道一般无需锚杆支护，可以裸露或者喷射混凝土单独支护；Ⅱ、Ⅲ类围岩松动圈 $L = 400 \sim 1500\text{mm}$，可用悬吊理论设计锚喷支护参数；Ⅳ、Ⅴ类围岩松动圈分别为 $L = 1.5 \sim 2.0\text{m}$、$L = 2.0 \sim 3.0\text{m}$，可采用组合拱理论确定锚喷支护参数；Ⅵ类围岩松动圈 $L > 3.0\text{m}$，在没有进一步研究资料之前，应采用以锚喷网为基础的复合支护。

该理论的优点是简单直观，对中小松动圈有很重要的价值，但对大松动圈尤其是高应力软岩的采准巷道有一定的局限性。

7.2.7 围岩强度强化理论

该理论的要点是：（1）岩体经锚杆锚固后，其峰值强度和残余强度均得到提高，随着锚杆布置密度的增加，强度强化系数逐渐增大，锚杆布置密度一定时，锚杆对岩体残余强度的强化程度大于对岩体峰值强度的强化程度。（2）锚杆可有效改善原岩体的力学参数，随着锚杆布置密度的增加，锚固体峰值前的 E、C、φ 与峰值后的 E、C、φ 均有不同程度的提高。（3）利用锚杆支护，可以提高锚固区域岩体的强度，可以有效减小巷道围岩塑性区、破碎区半径及巷道表面位移，保持巷道围岩稳定。

该理论的分析方法是将锚杆的作用简化为对锚固围岩从锚杆的两端施加径向约束力，由实验室锚固块体试验确定围岩塑性应变软化本构关系，再利用弹塑性理论定量分析锚杆的支护效果。

7.2.8 锚固力与围岩变形量关系理论

该理论对锚杆锚固力的内涵及作用进行了深入研究，认为锚杆对围岩的锚固作用是通过锚固力来实现的，而锚固力是依赖围岩变形而产生和发展的。锚杆支护一般在巷道开挖完成后实施，此时围岩的弹塑性变形已经完成，因而使锚杆产生锚固力的是围岩的剪胀变形。随着剪胀变形的渐进发展，锚杆从径向和切向两个方向上产生限制剪胀变形的力。剪胀变形越大，锚杆的径向和切向的锚固力越高。锚杆的锚固作用使得围岩在较高的应力状态（能量状态）下获得稳定平衡。

7.2.9 锚固平衡拱理论

该理论认为，锚杆加固对于提高围岩自身的最大承载能力没有明显的效果，但在围岩产生塑性破坏后，对提高围岩的残余强度及承载能力有显著作用。在巷道周围，锚杆与其锚固范围内的岩石构成一种锚固支护体，当这个锚固体中的岩石在围岩集中应力作用下发生破坏时，其承载能力降低并产生变形，同时围岩的集中应力向深部转移，使锚固体卸载。在此过程中，锚固体通过锚杆的约束作用和抗剪作用，使塑性破坏后易于松动的岩石构成具有一定承载能力和适应自身变形卸载的锚固平衡拱。

7.3 锚杆支护理论的发展趋势

通过对国内外锚杆支护理论分析可以看出，目前锚杆支护理论实质上是对三大支护理论的进一步补充和完善，而且各种作用机理都有它的适用条件，应根据具体条件研究选择支护机理。而现有的情况下，对锚杆支护机理还没有统一的认识，缺乏行之有效的、合理的计算方法，理论分析和数值计算与实际支护情况也存在很大的差别，所以应从以下几方面研究支护作用机理。

（1）深入研究围岩松动圈理论。该方法含有专家系统设计法和现场实测设计法的内涵，简单直观，易为现场工程技术人员所接受，且对岩巷有着良好的适应性，但动压巷道的适应性仍有待深入研究。围岩松动圈支护理论与设计方法是今后发展的方向之一。

（2）开发优秀的岩土工程数值模拟软件。数值模拟方法的实质是，利用计算机对通过支护结构系统构造的数学模型，模拟可能遇到的应力场范围内岩层矿压显现与锚杆支护过程中特性分析，评价所选择的各种锚杆支护系统或支护结构的可行性与可靠程度。有限差分程序模拟岩土工程问题有很大的优越性，它不但可以处理一般的大变形问题，而且可以模拟岩体沿某一弱面产生的滑动变形；还能针对不同材料特性，使用相应的本构方程来比较真实地反映实际材料的动态行为。它还可考虑锚杆等支护结构与围岩的相互作用。所以，开发适合的数值计算软件，可以比较方便地研究锚杆与围岩相互作用机理，从中发现新的锚杆围岩作用关系。

（3）改进实验设备和支护效果监测仪器。目前在进行锚杆与围岩相互作用机理的研究过程中，实验装置存在一定的缺陷，不能够使模型得到真实的边界条件，数据采集仪器与模型的耦合也存在一定的问题。对于支护效果的监测，仪器的精确度不够，不能够准确地反映支护效果，也就无法验证支护机理的正确性。因此改进实验装置和发明高精度的监测仪器，是研究支护机理的前提。

实际上，锚杆的加固作用是多种效应同时产生作用的结果，不同的锚杆布置方式，在不同的地质条件下，将有某一效应起主导作用，而其他效应居次要地位。对于相对完整的Ⅰ、Ⅱ级围岩地段的局部锚杆，其主要发挥悬吊作用，以加固不稳定块体为主；对于相对破碎的Ⅲ、Ⅳ级围岩地段的系统锚杆，其主要作用以形成具有一定承载能力的承载拱为主；而对于十分软弱的Ⅴ、Ⅵ级围岩，锚杆的主要作用则以稳定初期支护钢拱架为主。同时，锚杆的支护效应与锚杆的布置方式有关，如局部锚杆主要发挥悬吊效应，而系统锚杆主要发挥成拱效应。

锚杆支护的作用和原则可以大致归纳为如下几点：

（1）锚杆支护的主要作用在于控制锚固区围岩的离层、滑动、裂隙张开、新裂纹产生等扩容变形与破坏，尽量使围岩处于受压状态，抑制围岩弯曲变形、拉伸与剪切破坏的出现，最大限度地保持锚固区围岩的完整性，提高锚固区围岩的整体强度和稳定性。

（2）在锚固区内形成刚度较大的次生承载结构，阻止锚固区外岩层离层，改善围岩深部的应力状态。

（3）锚杆支护系统的刚度十分重要，特别是锚杆预应力起着决定性作用。根据巷道围岩条件确定合理的锚杆预应力是支护设计的关键。当然，较高的预应力要求锚杆具有较高的强度。

（4）锚杆预应力的扩散对支护效果同样重要。单根锚杆预应力的作用范围很有限，必须通过托板、钢带和金属网等构件将预应力扩散到离锚杆更远的围岩中。钢带、金属网等护表构件在预应力支护系统中发挥着重要作用。

（5）在复杂、维护困难巷道中，应采用高预应力、强力锚杆组合支护系统，同时要求支护系统有一定的延伸量。高预应力要求锚杆预应力达到杆体屈服强度的 30% ~ 50%；强力锚杆要求杆体有较大的破断强度。

（6）锚杆支护应尽量一次支护就能有效控制围岩变形与破坏，避免二次支护和巷道维修。

7.4 锚杆支护参数设计

7.4.1 锚杆支护设计原则

支护设计是回采巷道锚杆支护中的一项关键技术，对充分发挥锚杆支护的优越性和保证巷道的安全具有十分重要的意义[9]。如果支护形式和参数选择不合理，就会造成两种极端：（1）支护强度太高，不仅浪费支护材料，而且影响掘进速度；（2）支护强度不够，不能有效控制围岩变形，出现冒顶事故。在锚杆支护发展比较快的澳大利亚和英国，对锚杆支护设计极为重视，通过多年的研究和完善，已形成了一套适合该国特点的锚杆支护设计方法，即以实测地应力为基础进行地质力学评估，以有限差分数值模拟为手段进行初始设计，并通过现场监测修改初始设计。经实践证明，这是一种比较科学的锚杆支护设计方法。

我国由于受众多因素的影响，锚杆支护设计基本上采用工程类比法或简单的经验公式进行计算，部分科研院所则常用解析计算或数值模拟分析进行设计。应该说，这些设计方法都对我国锚杆支护的发展起到了一定的促进作用，但由于没有对地应力的影响给予足够重视，同时，对监测信息的利用也仅仅限于人为经验的判断。因此，其设计结果存有片面性和局限性。

锚杆支护设计不仅关系到巷道的安全性，而且对支护材料、施工速度、巷道维护状况乃至回采工作面的推进速度都有直接或间接的影响。因此，锚杆支护形式和参数的选择应遵循以下原则：

（1）一次支护原则。锚杆支护应尽量一次支护就能有效控制围岩变形，避免二次或多次支护。

（2）高预应力和预应力扩散原则。预应力是锚杆支护的关键因素，是区别锚杆支护是被动支护还是主动支护的参数，只有高预应力的锚杆支护才是真正的主动支护。一方面，要采取有效措施给锚杆施加较大的预应力；另一方面，还应通过托板、钢筋网等构件实现锚杆预应力的扩散，提高锚固体的整体刚度与完整性。

（3）"三高一低"原则。即高强度、高刚度、高可靠性与低支护密度原则。在提高锚杆强度与刚度、保证支护系统可靠性的条件下，应适当降低支护密度，减少单位面积上的锚杆数量，提高掘进速度。

（4）临界支护刚度与强度原则。锚杆支护系统存在临界支护刚度与强度，如果支护强度与刚度低于临界值，巷道将长期处于不稳定状态，围岩变形与破坏也就得不到有效控制。

（5）相互匹配原则。锚杆各构件，包括托板、螺母、钢筋网等的参数与力学性能应相互匹配，以最大限度地发挥锚杆支护的整体支护作用。

（6）可操作性原则。提供的锚杆支护设计应具有可操作性，有利于井下施工管理和掘进速度的提高。

（7）在保证巷道支护效果和安全程度，技术上可行、施工上可操作的条件下，应做到经济合理，有利于降低巷道支护综合成本。

7.4.2　锚杆支护设计方法

采动巷道锚杆支护设计，首先应对巷道所要经受的采动影响过程及影响程度进行准确的评估，对巷道使用要求和设计目标给予准确定位。比如，是按采动影响时的支护难度设计，还是按采动影响前的使用要求设计，不同的设计思想，结果大不相同。

巷道设计之前，要对围岩的地质条件、物理力学性质、松动圈、采动影响程度、矿压显现规律等因素进行深入地调查分析，必要时还应对原岩应力的大小和方向进行测试，为巷道支护设计提供可靠的基础数据资料，这是取得良好设计效果的重要保证。

目前，巷道锚杆支护设计方法可归结为三类：第一类是工程类比法，包括简单公式计算，如围岩稳定性分类设计法、围岩松动圈分类设计法等；第二类是理论计算法，有悬吊理论、冒落拱理论、组合拱（梁）理论等；第三类是借助计算机数值模拟进行支护设计[11]。

7.4.2.1 工程类比设计方法

工程类比法是建立在已有工程设计和大量工程实践经验的基础上，在围岩条件、施工条件及各种影响因素基本一致的情况下，根据类似条件下的工程经验，进行目标工程锚杆支护类型和参数设计。工程类比法是目前我国煤矿锚杆支护设计中常用的一种方法。

工程类比法实质上就是选择条件类似的已有巷道作为样本工程，通过分析目标工程与样本工程的相似性和相异性，在样本工程支护方案的基础上做不同程度的修改，作为目标工程的支护设计。这种设计方法具有很强的针对性，应用情况表明，若能选取合适的样本工程，类比分析恰当，则能够获得较好的设计结果。然而工程实践中，由于地质条件复杂多变，现场设计人员受个人工作环境及其他客观条件的限制，其类比范围有限，往往难以获取合适的样本工程。同时，由于类比分析主要是定性分析，分析结果取决于设计人员的知识、工程经验和对目标工程的认识程度，因而主观因素影响颇大。

7.4.2.2 应用悬吊作用理论确定锚杆支护参数

悬吊作用理论是将巷道两帮或顶板围岩出现的破碎岩体用锚杆悬吊在稳定岩层上，从而减少或限制围岩的滑移和冒落。该方法适用于层状岩体、平顶巷道的锚杆设计。

（1）锚杆长度的确定。锚杆长度 L 可按下式计算：

$$L = L_1 + L_2 + L_3 \tag{7-1}$$

式中 L——锚杆长度，m；

L_1——锚杆外露长度，m，$L_1 = $ 垫板厚度 + 螺母厚度 + （0.02 ~ 0.03）m，一般 $L_1 = 0.15$m；

L_2——锚杆有效长度，m；

L_3——锚杆锚固长度，m，$L_3 = 0.3 ~ 0.4$m。

锚杆有效长度 L_2 的确定，可以采用声波法测出巷道围岩松动圈范围，然后再计算得出。$L_2 = $ 巷道顶（或帮）松动圈影响范围。当已知某一水平高度巷道围岩松动圈影响范围时，可按下式确定任一水平高度巷道围岩松动圈影响范围。

$$L_2 = L_0 + (H - H_0)/H_0(L_0 + 0.5152) \qquad (7\text{-}2)$$

式中 L_0——已测松动圈影响范围，m；

H——现水平垂深，m；

H_0——已测水平垂深，m。

（2）锚杆间排距的确定。对锚杆支护巷道，考虑施工工艺通常取间排距相等。锚杆间排距 D 可按下式计算：

$$D \leqslant 0.5L \qquad (7\text{-}3)$$

（3）锚杆直径的确定。锚杆直径 d 可按下式计算：

$$d = L/110 \qquad (7\text{-}4)$$

（4）锚杆锚固力的确定。锚杆锚固力 Q 可按下式计算：

$$Q = KL_2D^2r \qquad (7\text{-}5)$$

式中 Q——锚杆锚固力，t；

K——锚杆安全系数，取 $2 \sim 3$；

r——岩石密度，t/m^3。

7.4.2.3 根据围岩松动圈理论进行支护设计[12]

围岩松动圈是巷道开挖后在围岩中形成的破裂松动区，是围岩固有的物理状态，是客观存在的，松动圈的大小可由专用仪器准确测出。巷道支护的主要对象是围岩松动圈产生、发展过程中的碎胀变形力。当采用锚杆支护时，锚杆受拉是由围岩松动圈的发生和发展而引起的。因此，开巷后是否需要支护和支护所需的强度是由松动圈的大小决定的。松动圈越大，支护也就越困难。松动圈是合理确定支护参数的依据，因此，可根据各类围岩松动圈的大小，从支护的观点把围岩进行分类。以实测松动圈的厚度为指标，可将围岩分为小松动圈（$0 \sim 0.4$m）、中松动圈（$0.4 \sim 1.5$m）和大松动圈（>1.5m）三类。

当为小松动圈时，围岩碎胀变形和松动围岩自重较小，不需用锚杆支护，为防止围岩风化和局部危岩掉落，只需单一喷射混凝土支护即可。

当为中松动圈时，其碎胀变形比较明显，必须进行锚网或锚喷支护，支护的主体是锚杆，锚杆支护参数采用悬吊理论设计。

当为大松动圈时，属软岩支护范畴。围岩变形量大，变形时间长，矿压显现剧烈，支护困难。如果采用悬吊理论设计锚杆，则会因其长度过长而失去普遍应用的价值，因此要用挤压加固拱理论来设计。挤压加固拱理论的实质是利用锚杆的锚固力对破碎围岩进行锚固，提高其残余强度，从而在破裂围岩中形成一个具有相当强度和可缩性的"挤压加固拱"结构体。

（1）锚杆长度确定。当围岩为中松动圈时，围岩的碎胀变形比较明显，松动圈范围一般小于常用锚杆长度，因此在设计上可采用悬吊理论，锚杆长度计算式为：

$$I = Kh + l_1 + l_2 \tag{7-6}$$

式中　I——锚杆长度，m；

　　　h——不稳定地层厚度，m；

　　　K——安全系数，一般根据巷道的重要程度及服务年限，取 $K = 1 \sim 2.5$；

　　　l_1——锚杆外露长度，m，一般取值 0.1m；

　　　l_2——锚杆锚入稳定地层的深度，m，一般取值 $0.3 \sim 0.4$m。

应用传统悬吊理论的最大困难在于如何准确判定公式（7-6）中不稳定地层的厚度 h；而松动圈的厚度系实测数值，准确性较高。因此，在确定锚杆长度时直接取松动圈值代表不稳定地层厚度，取安全系数 $K = 1 \sim 1.5$；当围岩裂隙发育或者围岩松动圈静态值、动态值均大于 1.5m 时，形成的"锚固层组合拱"是锚杆支护的主要工作机理。锚杆在锚固力的作用下，将破裂了的岩石组织起来，提高其残余强度，形成一定厚度的锚固层。随着围岩的变形，锚固层中将进一步形成次生的"压力拱"承受地压。在跨度和巷道高度一定的条件下，锚杆越长，"压力拱"的厚度越大，承载力越高。理论和实践证明，动态松动圈大于静态松动圈。因此，在选择松动圈值时要视巷道是否受动压影响来确定，一般受动压影响的巷道选用动态值，否则选用静态值。

（2）锚杆间排距的确定

按组合拱理论确定锚杆支护间排距（见图 7-6），组合拱厚度为：

$$b = (l_y \tan\alpha - a)/\tan\alpha \qquad (7\text{-}7)$$

式中　b——组合拱厚度，m；

　　　l_y——锚杆的有效长度，m，$l_y = l - l_1$；

　　　a——锚杆的间排距，m；

　　　α——锚杆在松散体中的控制角，一般为 45°。

则锚杆的间排距 a 为：

$$a = (l_y - b)\tan\alpha \qquad (7\text{-}8)$$

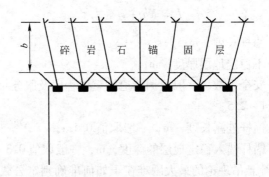

图 7-6　矩形巷道锚杆锚固层组合拱效应

（3）锚杆直径的确定。锚杆直径 d 可按下式计算：

$$d \geqslant \sqrt{\frac{4Q_m}{\pi \cdot [\sigma]}} \qquad (7\text{-}9)$$

式中　d——锚杆直径，mm；

　　　$[\sigma]$——锚杆材料抗拉强度，kg/mm^2；

　　　Q_m——锚杆锚固力，N。

7.4.2.4　根据挤压加固理论设计锚杆支护参数

与岩石巷道未受采动影响时的松动圈相比，受采动压力影响后，松动圈的形状和大小发生变化。现场测试表明，受采动影响的围岩松动圈比无采动影响的围岩松动圈要大 2~3 倍，因此采动前后巷道围岩类型可能会发生变化，小松动圈变为中松动圈，中松动圈变为大松动圈。设计时应以大松动圈为准用挤压加固拱理论进行，做到一次完成，采动过程基本上不需要再维修，且需及时安设锚杆，并给予合理的预紧力，以限制顶板的下沉改变围岩的应力状态，从而提高围岩的强度，充分发挥围岩的自承能力。

支护参数按挤压加固拱理论计算。锚杆长度和间排距按下式确定：

$$b = (L\tan\alpha - a)/\tan\alpha \qquad (7-10)$$

式中　b——组合拱厚度，m；

　　　L——锚杆的有效长度，m；

　　　α——锚杆在破裂岩体中的控制角，一般取 $\alpha = 45°$；

　　　a——锚杆间排距，m。

目前，巷道的维护状况对锚杆所形成的组合拱厚度的要求还没有相应的理论计算公式来求得，只能根据经验选取。一般认为，b 值在 0.8 ~ 1.3m 之间。松动圈较小时取下限，松动圈较大时取上限，若松动圈范围很大，可相应增大 b 值。

7.4.2.5　动态信息及数值计算设计方法

近 10 年来，我国在锚杆支护设计方法方面也做了大量工作[13~16]。在借鉴国外先进支护设计方法的基础上，结合我国矿山巷道的特点，提出了动态信息设计方法[17]。该方法包括 5 个部分，即：试验点调查和地质力学评估；初始设计；井下监测；信息反馈和修正设计；日常监测。其中锚杆支护初始设计是采用数值模拟结合其他方法确定。通过数值模拟，可分析巷道围岩移近量、应力及破坏范围分布；不同因素对巷道围岩变形与破坏的影响，不同支护参数对支护效果的影响；通过方案比较，确定较为合理的支护参数，如锚杆直径、锚杆长度、锚杆间排距、锚固方式、锚杆预应力等。实践证明，锚杆支护初始设计采用数值模拟方法研究各支护参数对巷道变形与破坏的影响规律是可行的。

采用数值计算时，可以通过正交试验分析方法显著、直观地分析锚杆支护参数：锚杆直径、锚杆长度、锚杆间排距、锚固长度及锚杆预紧力对巷道变形与破坏的影响状况。分析表明，锚杆间排距是影响巷道变形与破坏最敏感也是最重要的参数；锚杆预紧力是巷道锚杆支护系统的关键参数，在进行回采巷道锚杆支护设计时，应将锚杆预应力作为重点考虑的问题之一；锚杆直径、锚杆长度、锚固长度对巷道的变形与破坏也有显著影响，其值应在一个合理的范围内。

7.5 卸压支护数值分析

7.5.1 数值计算方案

卸压开采后，回采巷道区域岩体应力又产生一定的降低，这些都将影响到巷道的支护效果和支护机理。弄清这些因素与巷道支护机理之间的关系，对于巷道支护参数的选取，将会有较大的帮助。

锚杆支护数值计算中，需要根据开采方案引起的应力变化情况以及回采巷道支护方案中的不同支护参数，设计不同的数值计算方案。通过数值计算可以对比不同支护参数下的巷道围岩变形及位移情况，为巷道支护参数的选取及确定提供相应的理论依据。

卸压支护是指卸压与支护相配合的巷道维护方法。即首先根据卸压开采原理进行卸压开采，形成应力降低区域并将主要工程布置在应力降低区，或通过卸压开采将主要工程区域的应力降低，之后根据卸压方式及效果，选择合理的支护方式和参数，从而达到共同维护巷道稳定性的目的。

为了研究卸压与支护之间的关系以及对巷道稳定性的影响，本书在相同岩体条件及相同锚杆参数条件下，通过改变模型垂向应力来模拟卸压开采，并设计了不同卸压程度下的不同支护参数数值计算方案，分析了锚杆支护机理以及锚杆支护参数与卸压开采之间的关系，为锚杆支护参数的选取及确定提供相应的理论依据。研究方案分为 $0.6m \times 0.6m$、$0.8m \times 0.8m$、$1.0m \times 1.0m$ 和不支护 4 种支护参数；保持水平应力不变，在分别降低垂向应力 0%、10%、20%、30%、40% 和 50% 6 种地压条件下，共计 24 个计算模型。设计的锚杆支护数值计算方案如图 7-7 所示。

不卸压主要按矿体的埋深施加应力条件；而卸压主要根据卸压开

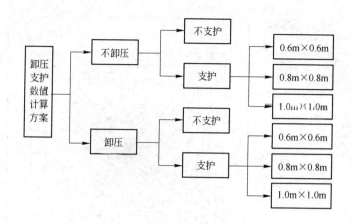

图 7-7 卸压支护数值计算方案

采后，将其回采巷道位置的垂向应力降低 0% ~ 50% 来施加应力条件。

7.5.2 数值计算模型

根据巷道断面大小以及锚杆长度，并考虑到边界效应的影响，建立数值计算模型。模型沿巷道断面方向取宽 36m，高 36m；由于巷道支护可以简化为一个平面问题，而本书所采用的是三维计算软件，因此，为了减少计算网格，以巷道轴向方向为长度方向，只取 10m 进行数值分析。整个数值计算模型取长×宽×高为 10m×36m×36m，数值计算模型网格划分共计 37815 个节点，34776 个单元。建立的网格化数值计算模型如图 7-8 所示。

7.5.3 计算参数选取

在锚杆支护中，影响其支护效果的因素很多，但基本可以分为两种，即岩体性质和锚杆性质。因此，在锚杆支护的数值计算中，需要考虑岩体参数和锚杆参数。但是，本研究在数值计算中，只分析不同的支护方案下巷道围岩变形量的大小和变形规律的不同，而不是计算真实的巷道变形量。因此，在计算中所选取的参数也都是估计值，所计算的结果也只做规律性分析而不做定量分析。

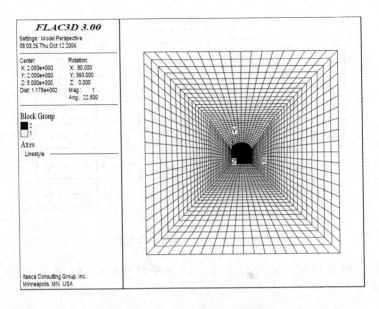

图 7-8   巷道支护数值计算模型

将岩体类型简化为石英岩一种类型，估算得到岩体力学参数，并计算出相应的岩体体积模量 K 和剪切模量 G。计算中对于模型的开挖以及开挖后的空区选用 FLAC^{3D} 内置的零模型（Null），而对于开挖前以及开挖后的非空区部分都采用莫尔-库仑塑性模型。选择的岩体力学参数见表 7-1。

表 7-1   锚杆支护计算模型的岩体力学参数

岩体类型	R_c/MPa	R_t/MPa	C/MPa	φ/(°)	E/GPa	μ	K/GPa	G/GPa	γ/t·m^{-3}
石英岩	18.62	0.14	4.13	42.2	14.49	0.25	9.66	5.796	2.7

假设巷道采用摩擦型管缝式锚杆进行支护，锚杆直径 39mm，长 2m，钻孔直径 38mm。现场进行的抗拉拔力为 50~70kN，计算中取平均为 60kN，由此可估算岩体的最大剪切强度 τ 为：

$$\tau = \frac{60 \times 10^3}{2 \times 0.038 \times 3.14} = 0.251\text{MPa}$$

因此可得锚杆和岩体之间的黏结力 c 为:

$$c = \pi D \tau = 3.14 \times 0.038 \times 0.251 = 29.9 \text{kN/m}$$

管缝式锚杆通过直接与围岩摩擦提供锚固力,围岩的剪切模量为 5.796GPa,因此,其黏结刚度大约为0.36GN/m。厂家实验得到的锚杆最大拉伸极限为130.6kN。计算中所用的锚杆力学参数见表7-2。

表7-2　数值计算中的锚杆力学参数

参数类型	锚杆最大拉伸极限/kN	锚杆模量/GPa	最大黏结力/kN·m⁻¹	最大黏结刚度/GN/m	锚杆截面积/m²
参数值	130.6	100	29.9	0.36	0.00113

7.5.4　计算结果分析

为了分析卸压开采对回采进路的掘进及支护的影响,并分析不同的锚杆支护参数对维护巷道稳定性的影响,分别分析了正常不卸压开采情况下的巷道开挖及不同锚杆支护参数支护后的围岩变形及破坏情况,以及卸压开采后的巷道开挖及不同锚杆支护参数支护后的围岩变形及破坏情况。通过这些不同开采方式下的巷道锚杆支护效果对比分析,为卸压开采后的巷道支护参数选择提供一定的理论依据。

各计算方案在计算过程中均在相同的位置设置监测点,即在巷道的拱顶、拱角和侧帮位置设置监测点来监测开挖以及开挖支护后的垂向位移变化情况。设置的监测点如图7-9所示,其中左右两侧拱角位置和侧帮位置都对称于巷道中心线。

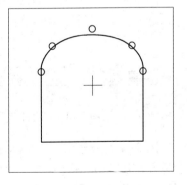

图7-9　监测点位置示意图

7.5.4.1　不卸压情况下计算结果

假设矿山目前已回采至地下500m深度,其回采过程中地应力受采动影响严重,但是其回采进路部位的应力集中程度以及集中量难以确定，因此，本研究在作数值计算时只施加自重产生的垂向应力以及侧应力。

A 不支护计算结果

图 7-10 是不卸压情况下巷道开挖后不支护时的塑性区（破坏区域）分布图。从图可以看出，在巷道的顶板部位出现一定深度的塑性区；巷道两帮也出现一定的塑性区；在巷道的底板部位，由于开挖后应力的释放而出现的塑性区最深。

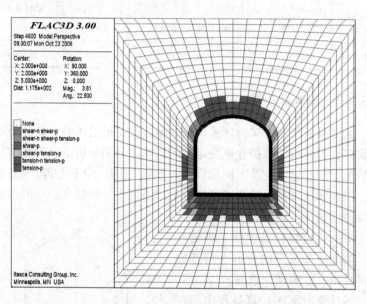

图 7-10　巷道开挖后不支护时的塑性区分布图

图 7-11 是巷道开挖后的垂向应力分布特征图。从图可以看出，巷道开挖后，由于应力的释放而在巷道顶底板部位出现一定的拉应力区域；在巷道的两侧墙脚及拱角则出现很大的应力集中，最大达 $-32.9\mathrm{MPa}$。这表明，巷道开挖后不同的部位的破坏是由不同的应力引起的。

图 7-12 是巷道开挖后的垂向位移分布特征图。从图可以看出，在巷道顶板部位出现下降位移区域，最大下降位移约为 4.12mm；在巷道底板部位出现底鼓现象，最大底鼓量约为 4.0mm。巷道周围岩

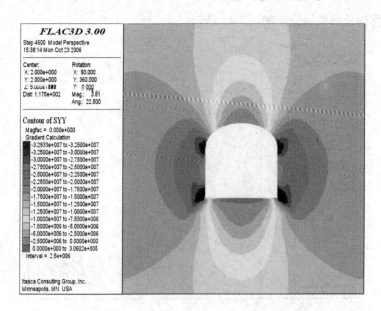

图 7-11　巷道开挖后的垂向应力分布特征图

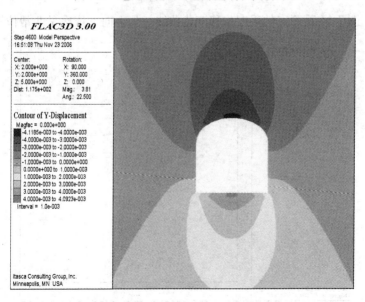

图 7-12　巷道开挖后的垂向位移分布特征图

体垂向位移矢量分布如图 7-13 所示。

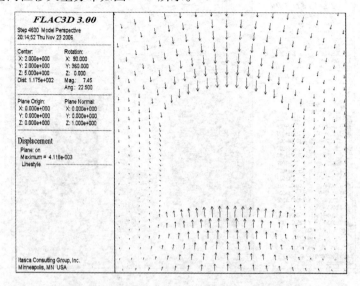

图 7-13　巷道开挖后的垂向位移矢量分布图

图 7-14 是测点的垂向位移变化曲线，从上向下依次是两帮位置、

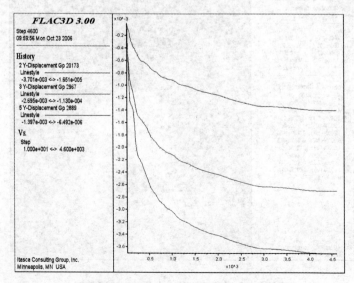

图 7-14　测点的垂向位移变化曲线

拱角位置和拱顶位置。从图可以看出，不同的部位出现的位移量有很大的差异，其中拱顶出现的位移量约3.701mm，拱角约2.695mm，两帮约1.397mm。

B 0.6m×0.6m 锚杆支护参数计算结果

采用0.6m×0.6m的锚杆支护参数时，每排11根锚杆，建立的锚杆单元如图7-15所示。图7-16是锚杆在开挖支护后所受的轴力分布图，其所受的最大轴力为3.564MPa。

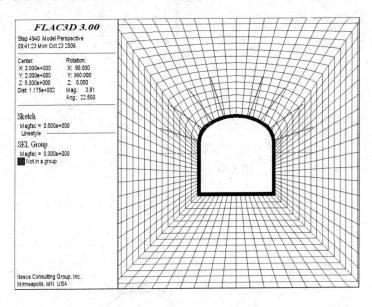

图 7-15　锚杆单元分布图

图7-17是巷道支护后的塑性区（破坏区域）分布图。从图可以看出，支护后巷道顶板部位的塑性区明显减少，巷道两帮塑性区也有所减少。巷道底板由于没有采取加固措施，其塑性区范围几乎没有变化。

图7-18是巷道支护后的垂向应力分布特征图。从图可以看出，采用0.6m×0.6m的锚杆支护参数后，巷道顶板部位应力降低区域明显减小，也没出现拉应力区；在巷道底板部位仍出现很大的应力释放区，并出现拉应力；而在巷道的两侧墙脚及拱角则出现很大的应力集中。

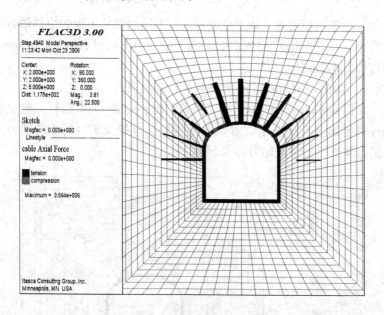

图 7-16　锚杆轴力分布图

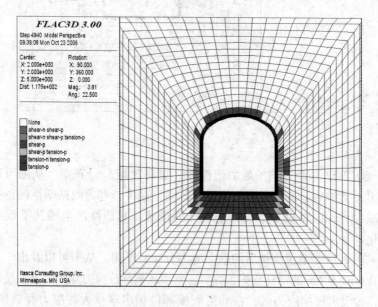

图 7-17　巷道支护后的塑性区分布图

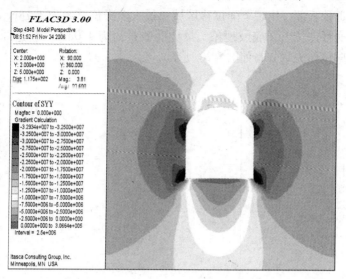

图 7-18 巷道支护后的垂向应力分布特征图

可见，采用锚杆支护之后，巷道顶板部位应力状态发生很大改善。

图 7-19 是巷道支护后的垂向位移分布特征图。从图可以看出，

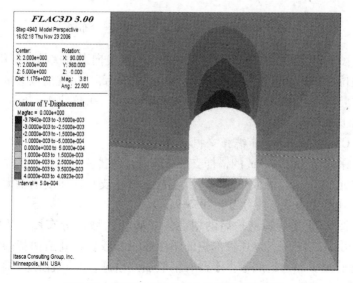

图 7-19 巷道支护后的垂向位移分布特征图

在巷道顶板部位出现下降位移区域，最大下降位移约为 3.78mm；在巷道底板部位出现底鼓现象，最大底鼓量约为 4.0mm。巷道周围岩体垂向位移矢量分布如图 7-20 所示。

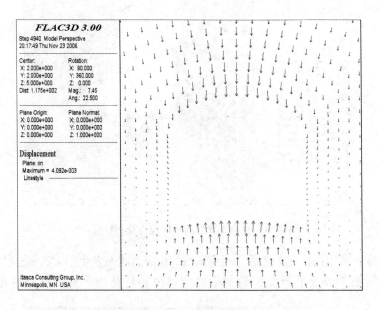

图 7-20 巷道开挖后的垂向位移矢量分布图

图 7-21 是测点的垂向位移变化曲线，从上向下依次是两帮位置、拱角位置和拱顶位置。从图可以看出，不同的部位出现的位移量有很大的差异，其中拱顶出现的位移量约 3.12mm，拱角约 2.376mm，两帮约 1.214mm。

C 0.8m×0.8m 锚杆支护参数计算结果

采用 0.8m×0.8m 的锚杆支护参数时，每排 9 根锚杆，建立的锚杆单元如图 7-22 所示。图 7-23 是锚杆在开挖支护后所受的轴力分布图，其所受的最大轴力为 3.785MPa。

图 7-24 是巷道支护后的塑性区（破坏区域）分布图。从图可以看出，支护后巷道顶板部位的塑性区明显减少，巷道两帮塑性区也有所减少。巷道底板由于没有采取加固措施，其塑性区范围几乎没有变化。

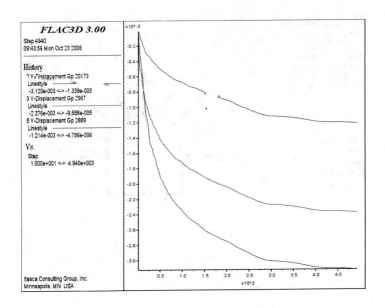

图 7-21 测点的垂向位移变化曲线

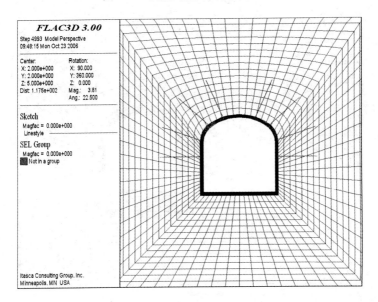

图 7-22 锚杆单元分布图

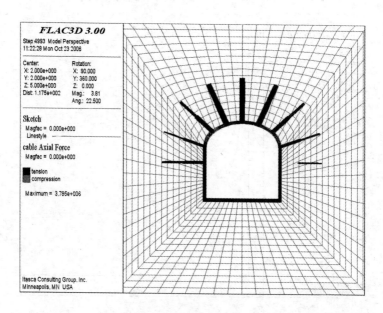

图 7-23   锚杆轴力分布图

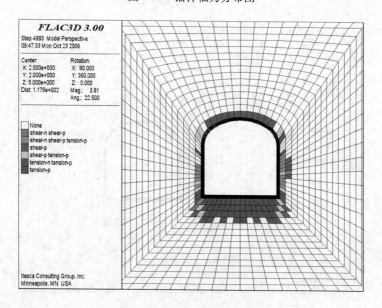

图 7-24   巷道支护后的塑性区分布图

图 7-25 是巷道支护后的垂向应力分布特征图。从图可以看出，采用 0.8m×0.8m 锚杆支护参数后，巷道顶板部位应力降低区域明显减小，但是比 0.6m×0.6m 的锚杆支护参数支护下的顶板应力降低区域大，也没出现拉应力区；在巷道底板部位仍出现很大的应力释放区，并出现拉应力；而在巷道的两侧墙脚及拱角则出现很大的应力集中。

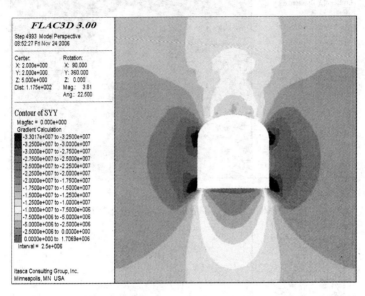

图 7-25 巷道支护后的垂向应力分布特征图

图 7-26 是巷道支护后的垂向位移分布特征图，从图可以看出，在巷道顶板部位出现下降位移区域，最大下降位移约为 4.15mm；在巷道底板部位出现底鼓现象，最大底鼓量约为 4.0mm。巷道周围岩体垂向位移矢量分布如图 7-27 所示。

图 7-28 是测点的垂向位移变化曲线，从上向下依次是两帮位置、拱角位置和拱顶位置。从图可以看出，不同的部位出现的位移量有很大的差异，其中拱顶出现的位移量约 3.231mm，拱角约 2.335mm，两帮约 1.238mm。

D 1.0m×1.0m 锚杆支护参数计算结果

采用 1.0m×1.0m 的锚杆支护参数时，每排 7 根锚杆，建立的锚

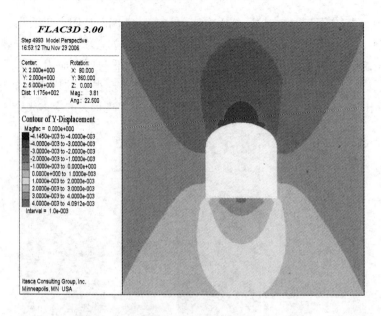

图 7-26　巷道支护后的垂向位移分布特征图

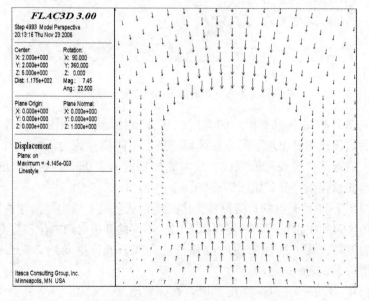

图 7-27　巷道开挖后的垂向位移矢量分布图

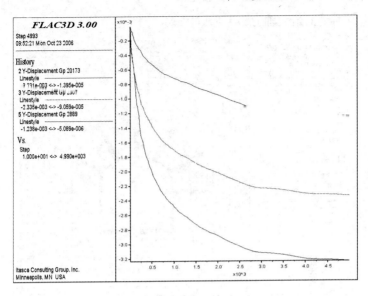

图 7-28 测点的垂向位移变化曲线

杆单元如图 7-29 所示。图 7-30 是锚杆在开挖支护后所受的轴力分布

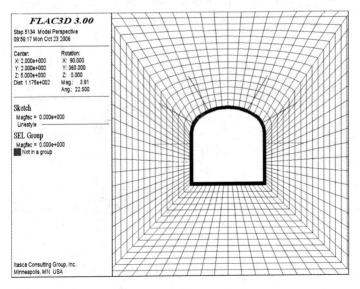

图 7-29 锚杆单元分布图

图，其所受的最大轴力为 4.779MPa。

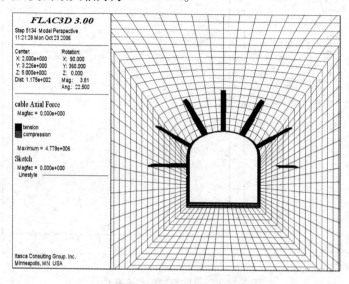

图 7-30　锚杆轴力分布图

图 7-31 是巷道支护后的塑性区（破坏区域）分布图。从图可以看

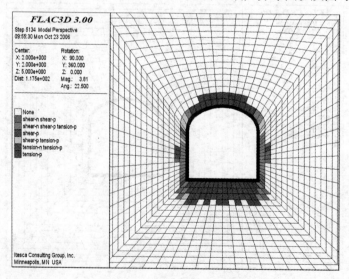

图 7-31　巷道支护后的塑性区分布图

出，支护后巷道顶板部位的塑性区明显减少，巷道两帮塑性区也有所减少。巷道底板由于没有采取加固措施，其塑性区范围几乎没有变化。

图 7-32 是巷道支护后的垂向应力分布特征图。从图可以看出，采用 1.0m×1.0m 锚杆支护参数后，巷道顶板部位应力降低区域明显减小，但是比 0.8m×0.8m 的锚杆支护参数支护下的顶板应力降低区域大，小于不支护时的顶板应力降低区域；在巷道底板部位仍出现很大的应力释放区，并出现拉应力；而在巷道的两侧墙脚及拱角则出现很大的应力集中。

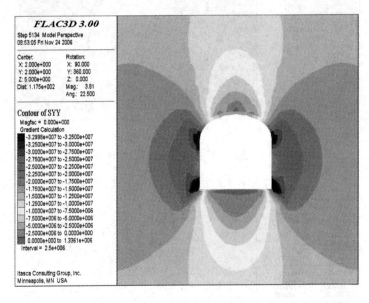

图 7-32 巷道支护后的垂向应力分布特征图

图 7-33 是巷道支护后的垂向位移分布特征图。从图可以看出，在巷道顶板部位出现下降位移区域，最大下降位移约为 4.18mm；在巷道底板部位出现底鼓现象，最大底鼓量约为 4.0mm。巷道周围岩体垂向位移矢量分布如图 7-34 所示。

图 7-35 是测点的垂向位移变化曲线，从上向下依次是两帮位置、拱角位置和拱顶位置。从图可以看出，不同的部位出现的位移量有很大的差异，其中拱顶出现的位移量约 3.290mm，拱角约 2.518mm，

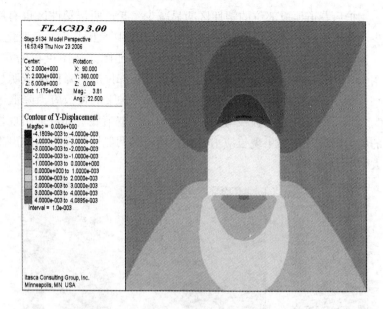

图 7-33　巷道支护后的垂向位移分布特征图

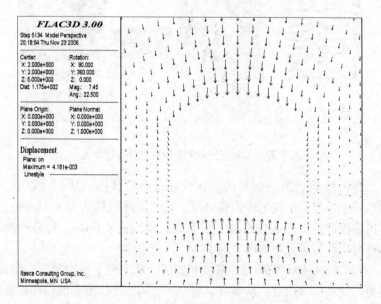

图 7-34　巷道开挖后的垂向位移矢量分布图

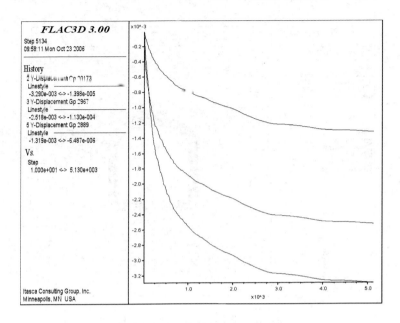

图 7-35 测点的垂向位移变化曲线

两帮约 1. 319mm。

7.5.4.2 卸压情况下计算结果

卸压后的巷道开挖及支护计算是将不卸压时数值计算模型的垂向应力降低 30% 后作为卸压开采的垂向应力，侧向应力则保持不变，其他参数及监测点的位置都保持不变。

A 不支护计算结果

图 7-36 是卸压情况下巷道开挖后不支护时的塑性区（破坏区域）分布图。从图可以看出，在巷道的顶板部位出现一定深度的塑性区；巷道两帮也出现一定的塑性区；在巷道的底板部位，也出现一定深度的塑性区。但由于垂向应力的降低，整个塑性区的深度和范围都明显地降低。

图 7-37 是巷道开挖后的垂向应力分布特征图。从图可以看出，巷道开挖后，由于应力的释放而在巷道顶底板部位出现一定的拉应力区域；在巷道的两侧墙脚及拱角则出现很大的应力集中，但整个应力

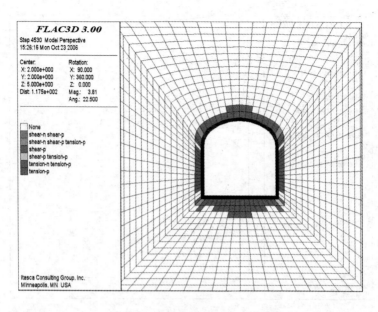

图 7-36   不支护时的塑性区分布图

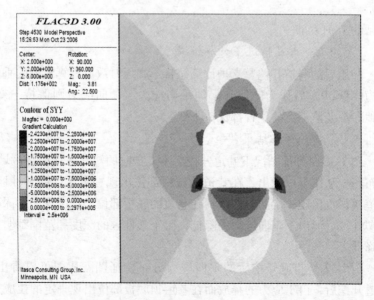

图 7-37   巷道开挖后的垂向应力分布特征图

降低或集中的程度较卸压前都有所降低,集中后的最大应力为 -24.2MPa。

图 7-38 是巷道开挖后的垂向位移分布特征图。从图可以看出,在巷道顶板部位出现下降位移区域,最大下降位移约为 2.74mm;在巷道底板部位出现底鼓现象,最大底鼓量约为 2.50mm。巷道周围岩体垂向位移矢量分布如图 7-39 所示。

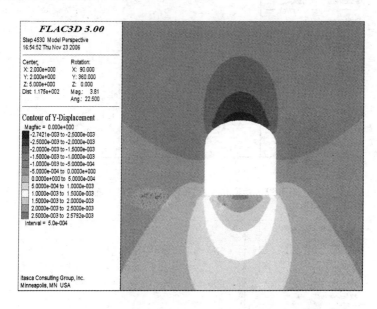

图 7-38　巷道开挖后的垂向位移分布特征图

图 7-40 是测点的垂向位移变化曲线,从上向下依次是两帮位置、拱角位置和拱顶位置。从图可以看出,不同的部位出现的位移量有很大的差异,其中拱顶出现的位移量约 2.469mm,拱角约 1.800mm,两帮约 0.923mm。

B　0.6m×0.6m 锚杆支护参数计算结果

采用 0.6m×0.6m 的锚杆支护参数时,每排 11 根锚杆。图 7-41 是巷道开挖支护后的锚杆轴力分布图,其中锚杆所受的最大轴力为 2.605MPa。

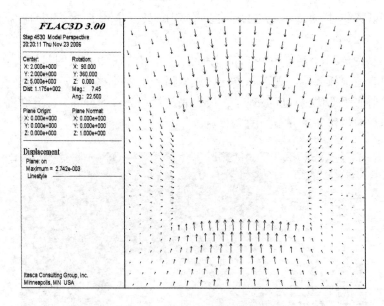

图 7-39　巷道开挖后的垂向位移矢量分布图

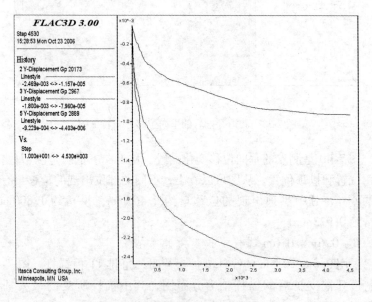

图 7-40　测点的垂向位移变化曲线

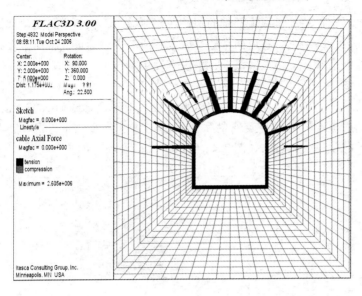

图 7-41 锚杆轴力分布图

图 7-42 是巷道支护后的塑性区（破坏区域）分布图。从图可以

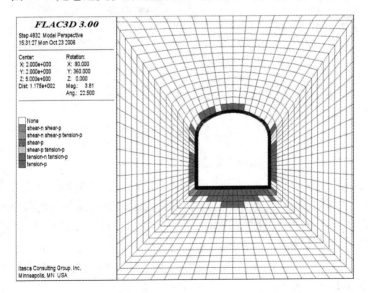

图 7-42 巷道支护后的塑性区分布图

看出，支护后巷道顶板部位的塑性区明显减少，在巷道右拱角部位的塑性区已经消失。巷道两帮塑性区也有所减少。巷道底板由于没有采取加固措施，其塑性区范围几乎没有发生变化。

图 7-43 是巷道支护后的垂向位移分布特征图。从图可以看出，在巷道顶板部位出现下降位移区域，最大下降位移约为 2.48mm；在巷道底板部位出现底鼓现象，最大底鼓量约为 2.5mm。巷道周围岩体垂向位移矢量分布如图 7-44 所示。

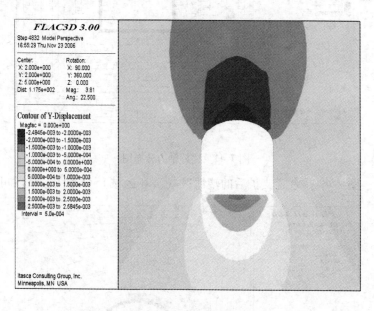

图 7-43 巷道支护后的垂向位移分布特征图

图 7-45 是巷道支护后的垂向应力分布特征图。从图可以看出，卸压后采用 0.6m×0.6m 的锚杆支护参数后，巷道顶板部位应力降低区域比卸压前相同支护参数下的应力降低区域明显减小，也没出现拉应力区；在巷道底板部位仍出现很大的应力释放区，并出现拉应力；在巷道的两侧墙脚及拱角则出现很大的应力集中。可见，卸压并采用锚杆支护之后，巷道顶板部位应力状态比不卸压时相同支护参数下的应力状态要改善许多。

图 7-46 是测点的垂向位移变化曲线，从上向下依次是两帮位置、

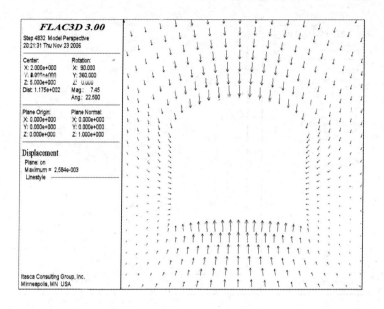

图 7-44   巷道开挖后的垂向位移矢量分布图

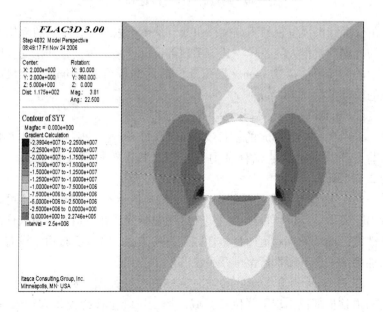

图 7-45   巷道支护后的垂向应力分布特征图

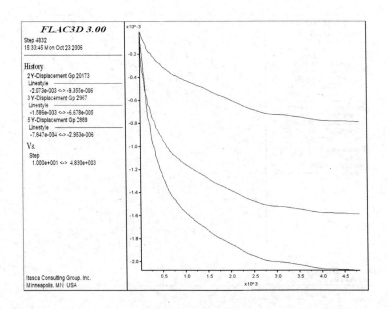

图 7-46　测点的垂向位移变化曲线

拱角位置和拱顶位置的测点位移曲线。从图可以看出，不同的部位出现的位移量有很大的差异，其中拱顶部位的位移量最大，开挖支护后产生的位移量约 2.073mm，拱角部位的位移量约 1.586mm，两帮部位的位移量约 0.785mm。

C　0.8m×0.8m 锚杆支护参数计算结果

采用 0.8m×0.8m 的锚杆支护参数时，每排 9 根锚杆。图 7-47 是巷道开挖支护后的锚杆轴力分布图，其中锚杆所受的最大轴力为 2.725MPa。

图 7-48 是巷道支护后的塑性区（破坏区域）分布图。从图可以看出，支护后巷道顶板部位的塑性区明显减少，在巷道右拱角部位的塑性区已经消失。巷道两帮塑性区也有所减少。巷道底板由于没有采取加固措施，其塑性区范围几乎没有发生变化。

图 7-49 是巷道支护后的垂向位移分布特征图。从图可以看出，在巷道顶板部位出现下降位移区域，最大下降位移约为 2.71mm；在巷道底板部位出现底鼓现象，最大底鼓量约为 2.5mm。巷道周围岩

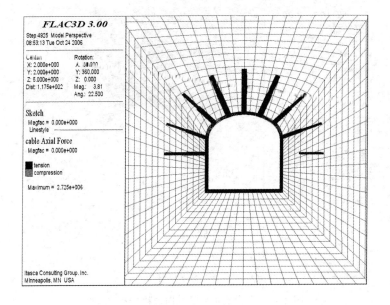

图 7-47　锚杆轴力分布图

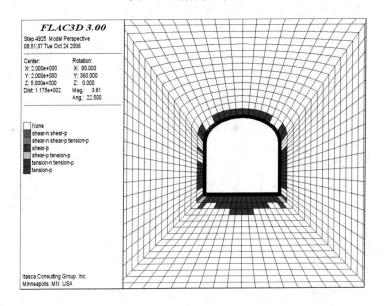

图 7-48　巷道支护后的塑性区分布图

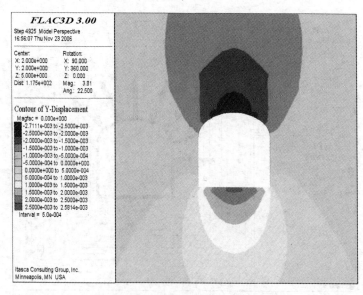

图 7-49 巷道支护后的垂向位移分布特征图

体垂向位移矢量分布如图 7-50 所示。

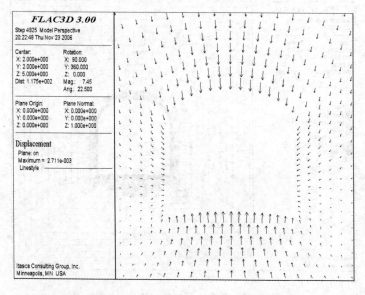

图 7-50 巷道开挖后的垂向位移矢量分布图

图 7-51 是巷道支护后的垂向应力分布特征图。从图可以看出，卸压后采用 0.8m×0.8m 的锚杆支护参数，巷道顶板部位应力降低区域比卸压前相同支护参数下的应力降低区域明显减小，但是比卸压后 0.6m×0.6m 支护参数时的范围大；在巷道底板部位仍出现很大的应力释放区，并出现拉应力；在巷道的两侧墙脚及拱角则出现很大的应力集中。

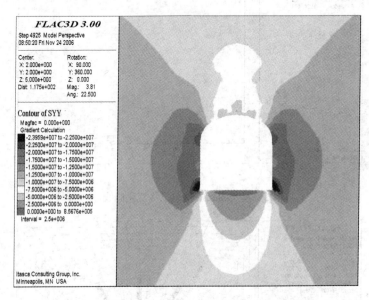

图 7-51　巷道支护后的垂向应力分布特征图

图 7-52 是测点的垂向位移变化曲线，从上向下依次是两帮位置、拱角位置和拱顶位置的测点位移曲线。从图可以看出，不同的部位出现的位移量有很大的差异，其中拱顶部位的位移量最大，开挖支护后产生的位移量约 2.155mm，拱角部位的位移量约 1.556mm，两帮部位的位移量约 0.808mm。

D　1.0m×1.0m 锚杆支护参数计算结果

采用 1.0m×1.0m 的锚杆支护参数时，每排 7 根锚杆。图 7-53 是巷道开挖支护后的锚杆轴力分布图，其中锚杆所受的最大轴力为 3.540MPa。

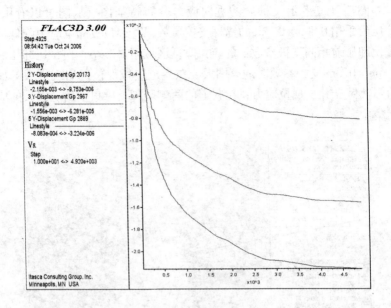

图 7-52 测点的垂向位移变化曲线

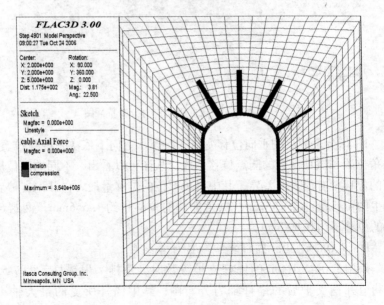

图 7-53 锚杆轴力分布图

图 7-54 是巷道支护后的塑性区（破坏区域）分布图。从图可以看出，支护后巷道顶板部位的塑性区明显减少，在巷道右拱角部位的塑性区已经消失。巷道两帮塑性区也有所减少。巷道底板由于没有采取加固措施，其塑性区范围几乎没有发生变化。

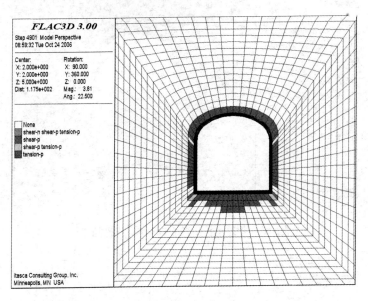

图 7-54　巷道支护后的塑性区分布图

图 7-55 是巷道支护后的垂向位移分布特征图，从图可以看出，在巷道顶板部位出现下降位移区域，最大下降位移约为 2.73mm；在巷道底板部位出现底鼓现象，最大底鼓量约为 2.50mm。巷道周围岩体垂向位移矢量分布如图 7-56 所示。

图 7-57 是巷道支护后的垂向应力分布特征图。从图可以看出，卸压后采用 1.0m×1.0m 的锚杆支护参数，巷道顶板部位应力降低区域比卸压前相同支护参数下的应力降低区域明显减小，但是比卸压后 0.8m×0.8m 支护参数时的范围大；在巷道底板部位仍出现很大的应力释放区，并出现拉应力；在巷道的两侧墙脚及拱角则出现很大的应力集中。

图 7-58 是测点的垂向位移变化曲线，从上向下依次是两帮位置、

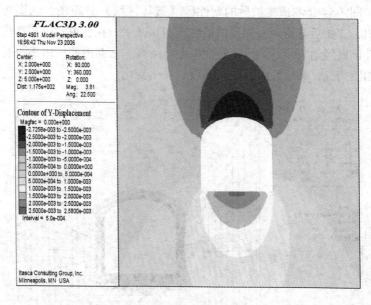

图 7-55 巷道支护后的垂向位移分布特征图

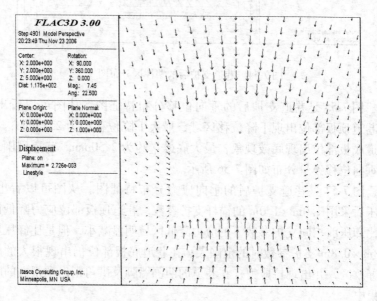

图 7-56 巷道开挖后的垂向位移矢量分布图

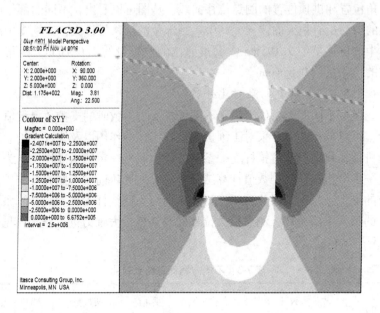

图 7-57　巷道支护后的垂向应力分布特征图

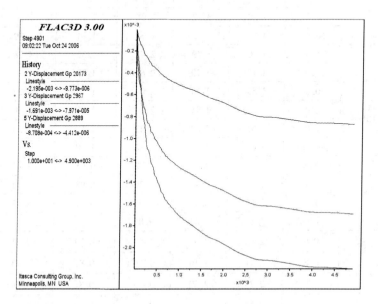

图 7-58　测点的垂向位移变化曲线

拱角位置和拱顶位置的测点位移曲线。从图可以看出，不同的部位出现的位移量有很大的差异，其中拱顶部位的位移量最大，开挖支护后产生的位移量约 2.195mm，拱角部位的位移量约 1.691mm，两帮部位的位移量约 0.871mm。

7.5.4.3 计算结果对比分析

通过不同应力条件下采用不同锚杆支护参数时的支护效果数值分析，可以分析卸压开采对于维护巷道稳定性的作用以及锚杆支护巷道的机理，将会对巷道锚杆支护参数的优化起到一定的指导作用。为了进一步分析锚杆支护数值计算结果，需要对卸压前后不同锚杆支护参数的支护效果进行对比分析。将卸压前后不同锚杆支护参数计算条件下的最大下降位移、测点最大位移以及锚杆最大轴力进行整理，见表7-3。

表 7-3 不同方案计算结果对比

卸压率	支护参数 /m	巷道最大 位移/mm	拱顶测点 /mm	拱角测点 /mm	两帮测点 /mm	锚杆最大 轴力/MPa
0%	0.6	3.78	3.12	2.38	1.21	3.56
	0.8	4.15	3.23	2.34	1.24	3.79
	1.0	4.18	3.29	2.52	1.32	4.78
	不支护	4.12	3.70	2.69	1.39	—
10%	0.6	3.53	2.75	2.09	1.05	3.24
	0.8	3.64	2.85	2.06	1.08	3.39
	1.0	3.65	2.89	2.22	1.14	4.36
	不支护	3.62	3.26	2.36	1.20	—
20%	0.6	3.01	2.39	1.82	0.91	2.90
	0.8	3.14	2.48	1.79	0.93	3.04
	1.0	3.15	2.52	1.94	0.99	3.92
	不支护	3.15	2.84	2.06	1.05	—
30%	0.6	2.48	2.07	1.59	0.79	2.61
	0.8	2.71	2.16	1.56	0.81	2.73
	1.0	2.73	2.20	1.69	0.87	3.54
	不支护	2.74	2.47	1.80	0.92	—

卸压率	支护参数 /m	巷道最大 位移/mm	拱顶测点 /mm	拱角测点 /mm	两帮测点 /mm	锚杆最大 轴力/MPa
40%	0.6	2.11	1.68	1.29	0.63	2.22
	0.8	2.18	1.75	1.26	0.65	2.33
	1.0	2.20	1.78	1.38	0.71	3.05
	不支护	2.24	2.02	1.48	0.76	—
50%	0.6	1.71	1.34	1.03	0.50	1.88
	0.8	1.73	1.39	1.01	0.52	1.97
	1.0	1.75	1.42	1.11	0.57	2.60
	不支护	1.80	1.61	1.194	0.62	—

对比表7-3中的数据可以看出，不管卸压与否，在同一应力条件下，巷道开挖后不同的锚杆支护参数所引起的巷道变形量不同。巷道变形量随着锚杆支护参数的增大而增大；在不支护的情况下，巷道变形量最大。卸压前后，在岩体应力相同的条件下，锚杆支护参数的不同所引起的巷道变形量都很小，其中拱顶测点变形量最大相差量分别是0.17mm和0.122mm；拱角测点变形量最大相差量分别是0.183mm和0.135mm；两帮测点变形量最大相差量分别是0.105mm和0.086mm；在拱顶测点部位，不支护时的位移量和最小支护参数时的位移量也只相差0.581mm和0.396mm。在卸压前后，不同计算方案中巷道顶板的最大下降位移量差分别为0.4mm和0.26mm。此外，从所有计算结果的位移矢量图可以看出，巷道两帮都发生了小量水平位移。从卸压前后不同锚杆支护参数下的巷道顶板变形量可以看出，锚杆支护并不能有效控制巷道顶板围岩的变形程度，也就是说，以锚杆支护为主的巷道支护手段，并不能有效地控制巷道的变形，其对巷道的支护作用不在于对巷道变形的控制，而在于对巷道变形的协调。

虽然锚杆不能有效控制巷道顶板的围岩变形，但是对于改善顶板部位的围岩应力状态却有着明显的效果。从前面数值计算的垂向应力分布特征图可以看出，在相同的应力条件下，不支护时巷道拱顶部位的垂向应力降低范围和降低幅度最大，在采用不同锚杆支护参数后拱顶部位的垂向应力降低范围和降低幅度都有所降低，而且支护参数越小降低范围和降低幅度越小，这就说明巷道顶板部位锚杆参数越小，锚杆越密集，其顶板应力变化就越小。平衡拱理论认为，在岩体中有一个自然平衡拱，岩体的稳定性也主要依靠其自身平衡能力。巷道开挖并采用锚杆支护后，其拱顶部位的应力变化越小就越容易保持原来的平衡拱状态，越有利于保持巷道的稳定性。因此，锚杆支护并不能控制岩体的变形，但可以改善巷道拱顶部位岩体应力场的状态，从而最大限度的利用岩体自身的稳定能力。

对比锚杆的最大轴力变化情况，可以看出，在岩体应力相同且锚杆不屈服的条件下，锚杆所受的最大轴力随支护参数的增大而增大。从锚杆轴力分布图可以看出，拱顶部位的锚杆所受的轴力最大。这说明，在围压一定的情况下，锚杆支护间排距决定着锚杆的个数，同时也影响着锚杆所受的最大轴力大小。因此，在锚杆支护参数的选择中，应避免因锚杆间排距过大而使锚杆所受的最大轴力大于其屈服强度，从而使锚杆首先发生破坏而失去对围岩的支护作用。

对比相同围岩应力条件下的巷道塑性区分布规律及范围可以看出，锚杆支护对巷道周围岩体塑性区的大小及分布特征影响十分明显。锚杆支护密度随锚杆支护参数的减小而增大，塑性区的范围也随之减小。从几种不同支护参数下的塑性区分布可以看出，不管是否卸压，只要巷道开挖后出现塑性区，塑性区分布就会随支护参数的减小而减小，并且总是从两帮和拱角部位减小，甚至在两帮及拱角不出现塑性区；在巷道拱顶部位出现的塑性区的分布范围和大小始终大于两帮及拱角部位，也就是说在相同的支护参数下，拱顶部位的破坏程度和概率要大于两帮及拱角部位。

对比卸压前和卸压后相同锚杆支护参数下的计算结果，可以看出，卸压后不管是巷道周围的塑性区分布大小还是产生的巷道变形，都较卸压前有了很大程度的降低；锚杆所受的轴力也有很大程度的降低，这说明对于维护巷道的稳定性，卸压作用所起的效果十分明显。

表 7-4 是卸压 30% 后不支护和相同锚杆支护参数下的顶板最大

下降位移、测点位移和锚杆最大轴力的变化率。从表中的变化率可以看出，在卸压30%条件下，卸压后位移变化率基本在33%～35%之间，锚杆所受的最大轴力变化率在25%～28%之间。由此可见，卸压程度影响着巷道变形幅度及锚杆支护效果。巷道变形幅度和锚杆支护效果基本和卸压程度成正比关系，因此，卸压程度越高越有利于维护巷道稳定性。

表 7-4　卸压30%后锚杆支护计算结果变化率对比表

变化率/%　　支护参数/m×m	0.6×0.6	0.8×0.8	1.0×1.0	不支护
最大下降位移	34.39	34.69	34.69	33.50
拱顶测点位移	33.56	33.30	33.28	33.29
拱角测点位移	33.25	33.36	32.84	33.21
两帮测点位移	35.34	34.73	33.97	33.93
锚杆最大轴力	26.91	28.01	25.93	—

将卸压前后相同支护参数情况下的计算结果变化率和相同围压条件下的不同支护参数所引起的计算结果的变化率进行对比可以看出，卸压所引起的巷道变形率及塑性区分布大小比改变支护参数所引起的巷道变形率及塑性区分布大小要大。这说明在一定条件下，卸压对于维护巷道稳定性的效果要优于改变支护参数对巷道稳定性的效果。

通过数值分析可以看出，卸压开采对于维护巷道稳定性有着重要的影响，但也不能忽视支护的作用，而应是卸压与支护并重。第6章已经分析了矿体进行卸压开采的条件，对于能实现卸压开采的矿体，可以降低巷道支护的等级，但对于不能实现卸压开采的矿体，仍需加强支护等级来维护巷道的稳定性。从数值分析的不同锚杆支护参数条件下的巷道变形及塑性区分布规律和大小可以看出，锚杆支护巷道并不在于控制巷道的变形大小，而在于协调巷道周围岩体的变形，并改善巷道拱顶部位岩体应力场的状态，从而最大限度地利用岩体自身的稳定能力。

7.6　卸压与锚杆支护间协调关系

根据数值计算结果，整理各种计算条件下的巷道最大位移量和锚杆最大轴力，分析卸压与锚杆支护分别对巷道稳定性的影响以及卸压与锚杆支护间的协调关系。

图 7-59 是不支护以及锚杆排间距不同时，卸压率与巷道最大位移量间的关系。从图中可以看出，不管是哪种锚杆排间距参数，巷道最大位移量都随着卸压程度的增加而发生明显降低，卸压程度越大，巷道的最大位移便越小。此外，从图中可以看出，最大位移降低量与卸压程度几乎成反比关系。图 7-56 中二者的关系表明，巷道变形程度受地压影响严重，高应力区域，地压大小是影响巷道变形程度的重要因素。

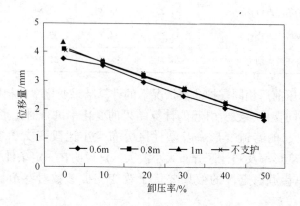

图 7-59　卸压率与巷道最大位移量关系

图 7-60 是不同卸压条件下，不支护以及不同锚杆排间距参数与巷道最大位移量间的关系。从图中可以看出，在不同地压条件下，随着锚杆支护排距和间距的增大直至不支护，巷道最大位移增量都比较平缓。这表明，锚杆排距和间距的变化对巷道最大位移量的影响较小。此外，从图 7-60 可以看出，在相同应力条件下，不同锚杆排间距参数下的巷道变形量相差微小，也就是说锚杆排距和间距的变化不能明显控制巷道的变形程度。这表明，在锚杆自身参数不变的情况

下，以改变锚杆排间距支护参数为前提的锚杆支护方式并不能有效控制巷道围岩的变形程度。

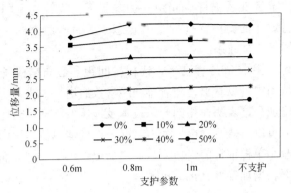

图 7-60　支护参数与巷道最大位移量关系

对比图 7-59 和图 7-60 可见，改变巷道周围岩体应力的大小所引起的巷道围岩变形率要远远大于改变锚杆支护排间距参数所引起的巷道围岩变形率。这说明，卸压引起的巷道位移变化要比改变锚杆排间距支护参数引起的巷道位移变化大，卸压对于维护巷道稳定性的效果要优于改变锚杆排间距支护参数对巷道稳定性的效果。因此，有效控制并降低岩体应力场及采动地压是控制巷道变形并维护巷道稳定性的关键。

图 7-61 是不同锚杆排间距支护参数下，卸压率与锚杆最大轴力

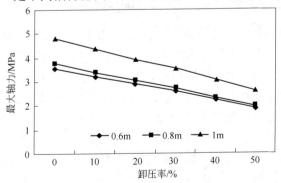

图 7-61　卸压率与锚杆最大轴力关系

关系。从图中可以看出，随着卸压程度的增加，锚杆所受最大轴力发生明显下降，锚杆最大轴力与卸压程度几乎成反比关系。这说明，在相同开采技术条件及锚杆排间距支护参数下，改善巷道围岩应力大小，可以有效降低支护锚杆的受力状态，从而增加锚杆支护的可靠性，提高锚杆支护效果。

图 7-62 是不同卸压程度下，锚杆排间距参数与锚杆所受最大轴力关系。从图中可以看出，随着排间距参数的增大，锚杆所受轴力也发生缓慢增加。这表明在相同开采技术及地压条件下，改变锚杆排间距支护参数可以有效改善锚杆受力状况，即增加单位体积内的锚杆数量，可以减小单根锚杆的受力，从而降低锚杆因受力过大而发生破坏失效的概率，增加锚杆支护的可靠性。

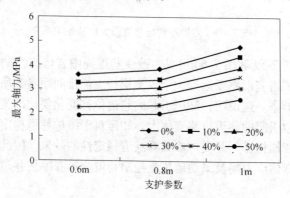

图 7-62 支护参数与锚杆最大轴力关系

数值计算及结果分析表明，卸压可以有效控制巷道围岩的变形；锚杆支护并不在于控制巷道围岩的变形程度，而在于协调巷道周围岩体的变形，从而最大限度地利用岩体自身的稳定能力。虽然卸压对于维护巷道稳定性有着明显作用，但也不能忽视锚杆支护的作用，而应采用卸压与锚杆支护协调并重的方式来维护巷道稳定性。因此，在实现卸压开采的矿段，可以增大锚杆排间距支护参数，减少锚杆数目；在无法实现卸压开采的矿段，则应减小锚杆排间距支护参数，增加锚杆数目；在同排锚杆支护中，可以根据不同部位受力不同而采取不同锚杆间距参数，从而最大程度地维护巷道的稳定性并降低支护成本。

参 考 文 献

[1] 赵增山. 小官庄铁矿复杂矿体高效开采的工程实践[J]. 金属矿山, 2004(2):20~23.

[2] 林韵梅. 地压讲座[M]. 北京:煤炭工业出版社, 1981.

[3] 陆士良, 等. 锚杆锚固力与锚固技术[M]. 北京:煤炭工业出版社, 1998.

[4] 刘斌. 难采矿体采准巷道的支护[J]. 化工矿山技术, 1994, 2:57~59.

[5] Asef M R, Reddish D J, Lloyd P W. Rock-support interaction based on numerical modeling [J]. Geotechnical and Geological Engineering, 1998:23~27.

[6] Rajendra Singh, Singh T N. Investigation into the behaviour of a support system and roof strata during sublevel caving of a thick coal seam[J]. Geotechnical and Geological Engineering, March. , 1998:21~35.

[7] 江波. 锚杆支护理论发展与现状[J]. 山西建筑, 2007, 33(21):101~103.

[8] 何满潮, 等. 中国煤矿锚杆支护理论与实践[M]. 北京:科学出版社, 2004.

[9] 董方庭. 巷道围岩松动圈支护理论及应用技术[M]. 北京:煤炭工业出版社, 2001.

[10] 张向东, 张树光, 刘松. 锚杆支护配套技术设计与施工[M]. 北京:中国计划出版社, 2003.

[11] 王兆申, 孟飞, 孙学军. 深井高应力巷道锚杆支护设计优化研究[J]. 中国矿业, 2009, 18(7):115~119.

[12] 毕远志, 朱赞成. 利用松动圈原理确定锚杆支护参数的方法[J]. 江南大学学报（自然科学版）, 2006, 5(2):242~245.

[13] 杨振茂, 马念杰, 孔恒, 等. 以地应力为基础的锚杆支护设计方法[J]. 岩石力学与工程学报, 2003, 22(2):270~275.

[14] 戴俊, 郭相参. 煤矿巷道锚杆支护的参数优化[J]. 岩土力学, 2009, 30:141~143.

[15] 徐遵玉, 李德忠, 奚小虎. 软岩巷道锚杆支护参数设计[J]. 煤炭科技, 2009, 4:43~45.

[16] 武玉梁, 邹德蕴. 不稳定巷道锚杆支护参数优化研究[J]. 矿山压力与顶板管理, 2004, 21(4):70~71.

[17] 桂祥友, 马云东, 郁钟铭. 基于可靠性的锚杆支护动态设计与应用研究[J]. 金属矿山, 2008(3):68~70, 86.

8 谦比西铜矿卸压开采研究

8.1 地质概况

谦比西铜矿（Chambishi Copper Mine）位于赞比亚—刚果（金）铜矿带的中部偏南，南纬 12°40′，东经 28°00′，在行政区域上属于赞比亚铜带省。矿床分布于卡富埃（Kafue）背斜的东北翼和西南翼，形成北东和南西两个次级矿带，孔科拉（Konkola）—恩昌加（Nchanga）—谦比西（Chambishi）—恩卡纳（Nkana）—卢安夏（Luansha）构成南西次级矿带，谦比西铜矿即位于南西矿带中部的谦比西盆地的北缘。铜带省铜矿床根据原岩情况和赋存位置分为泥质型、杂砂岩型和下盘矿化型，谦比西铜矿主要是原岩为泥质岩的泥质型沉积变质岩型铜矿床。矿区（ML19）共包括谦比西主矿体、谦比西西矿体、谦比西下盘矿体和谦比西东南矿体四个矿床（体）。

矿区地层主要由基底和加丹加（Katanga）系地层构成。基底为卢福布（Lufubu）系片岩、石英岩、片麻岩、变质花岗岩和穆瓦（Muva）系石英云母片岩。矿区内揭露的加丹加（Katanga）系地层主要包括下罗恩（Lower Roan）组和上罗恩（Upper Roan）组沉积变质岩。

谦比西主矿体位于卡富埃（Kafue）背斜西南翼的谦比西—恩卡纳盆地的北缘。矿区内大的褶皱并不发育，但层间褶皱较发育，特别是矿床的上部和矿化泥质板岩中。矿床上部 200m 水平以上，矿化泥质板岩发生了强烈的东西向拖拽褶皱，拖拽褶皱向西倾伏，倾伏角 10°~20°，形成一系列轴面倾向南的小褶皱，随着矿床深度的增加，褶皱发育程度愈来愈低。

主矿体的直接底板为下盘砾岩，下盘围岩还包括泥质石英岩、卵石砾岩、长石石英岩、底部砾岩等。矿体的直接顶板为矿化泥质板岩，上盘围岩还包括石英岩和泥质板岩互层、石英岩、燧石白云岩等。主矿体位于泥质板岩中。矿化泥质板岩可以进一步划分为三部分，即下盘片岩、泥质板岩矿体和上盘矿化泥质板岩。

下盘片岩是这三种岩石中最薄的，但也是它们中经济价值最高的；矿层的厚度从矿体中上部的 5m 到两翼的 0.2cm，平均厚度为1.5m；全铜品位一般为 2%~10%，最高达 40%；在 300~400m 水平的中部，有一层厚 3m，含铜 15%~20% 的富矿层，该层是一个剪切带。

矿体的直接顶板为矿化泥质板岩，泥质板岩矿体和上盘矿化泥质板岩的厚度均在 10m 左右。覆盖于矿化泥质板岩之上的是石英岩和泥质板岩互层。矿体走向近东西，倾向南，倾角 15°~75°，矿体最长为 2200m，矿体上部倾角小，200m 水平以上一般小于 25°，下部倾角大，600m 水平以下一般大于 50°。矿体厚度 2.5~30.0m，东部薄，西部厚，西部 400m 水平以上褶皱区矿体最厚；平均厚度为 10m 左右。

沿着三个砾岩层都出现了层间滑动，滑动距离并不大，但形成剪切带。矿区内只发现了一些小的断裂。在上部石英岩中发现了与拖拽褶皱有关的小断层。其他断裂均为层间滑动断裂，对矿体无明显的错断。

矿区地处高原丘陵地区，海拔 1250~1325m。地面起伏较平缓，坡度 2%~4%，植被发育。矿区气候分三个季节，每年 11 月至次年4 月为雨季，温暖湿润。5 月至 7 月为冷季，干燥凉爽。8 月至 10 月为热季，干燥炎热。矿区年平均降雨量为 1341mm，年最大降雨量为2697mm。平均蒸发量为 2072mm。矿区附近的较大河流为卡富埃河，由矿区东北流过，距矿区十余公里。谦比西溪及其分支流过矿区地表，它们都属于 Mwambashi 溪的支流。矿区地下水补给条件较好，补给面积为 67~83km², 降雨入渗系数为 0.1~0.15。

8.2 岩体稳定性分级

8.2.1 岩体结构面调查

工程岩体内存在一些软弱结构面，软弱结构面的形状、力学性质及空间组合条件影响着岩体的力学性质及其稳定性。用现场调查的方法，研究岩体结构面的性质和特征，对其进行定性和定量的描述，在岩体稳定性分级中具有重要的意义。通过结构面调查确定的定量指标，还可以反映岩体结构的特征。

通过现场岩体结构面调查，并利用 Dips 软件绘制出不同岩性的岩体结构面极点投影图和极点等值线图，再由极点等值线图确定出优势结构面的产状，见表8-1。从调查可以看出，谦比西铜矿的岩体结构面比较发育，按结构面的发育程度从高到低依次是底砾岩、矿体、粗砾岩、泥质石英岩和长石石英岩。

表8-1　不同岩性优势结构面产状

岩体类型	编号	倾向/(°)	倾角/(°)	岩体类型	编号	倾向/(°)	倾角/(°)
长石石英岩	1	184	35	泥质石英岩	2	193	10
	2	304	83		3	359	89
	3	38	50		4	87	80
粗砾岩	1	167	54	底砾岩	1	183	57
	2	61	74		2	90	87
	3	234	71		3	269	87
	4	314	72	矿　体	1	179	53
泥质石英岩	1	185	69		2	346	82

8.2.2　岩体稳定性分级

8.2.2.1　岩石抗压强度

在计算岩石抗压强度 R_c 时，根据其与点荷载强度 $I_{s(50)}$ 的相关性进行换算，换算关系如下：

$$R_c = 22.819 I_{s(50)}^{0.745} \tag{8-1}$$

8.2.2.2　岩体完整性系数 K_v

岩体的完整性系数 K_v 和岩体的体积节理数 J_v 之间有着一定的相关性，国内外也做了大量研究，可以得出如下统计关系：

$$K_v = \begin{cases} 1.0 - 0.083J_v & J_v \leqslant 3 \\ 0.75 - 0.029(J_v - 3) & 3 \leqslant J_v \leqslant 10 \\ 0.55 - 0.02(J_v - 10) & 10 \leqslant J_v \leqslant 20 \\ 0.35 - 0.013(J_v - 20) & 20 \leqslant J_v \leqslant 35 \\ 0.015 - 0.0075(J_v - 35) & J_v > 35 \end{cases} \quad (8-2)$$

岩体的体积节理数 J_v，指单位体积内所含的节理（结构面）条数，条/m³，可以用下式计算：

$$J_v = \frac{N_1}{L_1} + \frac{N_2}{L_2} + \cdots + \frac{N_n}{L_n} \quad (8-3)$$

式中 L_1，L_2，$\cdots$，L_n——垂直于结构面的测线长度；

N_1，N_2，$\cdots$，N_n——同组结构面的数目。

8.2.2.3 岩体基本质量指标 Q 值

根据大量测试数据，通过多元回归后建立的岩体基本质量指标表达式如下：

$$Q = 90 + 3R_c + 250K_v \quad (8-4)$$

其中，当 $R_c > 90K_v + 30$ 时，$R_c = 90K_v + 30$；当 $K_v > 0.04R_c + 0.4$ 时，$K_v = 0.04R_c + 0.4$。

根据结构面调查数据和点荷载实验结果，计算得出 J_v、K_v、R_c 与 Q 值见表 8-2。

表 8-2 谦比西铜矿岩体基本质量指标

岩体类型	长石石英岩	粗砾岩	泥质石英岩	底砾岩		矿体		
				薄层(<1.0m)	厚层(>2.0m)	下盘含矿片岩	矿化板岩	上盘含矿板岩
岩体体积节理数 J_v	3.973	7	4.543	25	2.436	25	9.235	14.286
岩石完整性系数 K_v	0.722	0.634	0.705	0.285	0.798	0.285	0.569	0.464
点荷载强度 $I_{s(50)}$/MPa	4.418	3.053	4.124	2.721	2.721	3.597	3.597	3.597

岩体类型	长石石英岩	粗砾岩	泥质石英岩	底砾岩		矿体		
				薄层(<1.0m)	厚层(>2.0m)	下盘含矿片岩	矿化板岩	上盘含矿板岩
抗压强度 R_c/MPa	69.02	52.41	65.57	48.1	48.1	59.0	59.0	59.0
岩体基本质量 Q	477.57	405.73	462.96	305.55	433.80	338.25	409.25	383.00

考虑到谦比西铜矿的工程特点，其岩体稳定性主要受到地下水、结构面与巷道轴线组合关系以及爆破震动的影响。因此，从这三个方面对其岩体基本质量指标 Q 进行修正，修正的岩体基本质量 $[Q]$ 按式（3-41）计算，修正后的岩体基本质量见表8-3。

表8-3 修正后的岩体基本质量

岩体类型		岩体基本质量 Q	地下水修正系数 K_1	结构面修正系数 K_2	爆破震动修正系数 K_3	修正的岩体基本质量 $[Q]$	基本质量级别
长石石英岩		477.57	0	0.2	0.5	407.57	Ⅲ
粗砾岩		405.73	0.1	0.4	0.5	315.73	Ⅳ
泥质石英岩		462.96	0	0.2	0.5	392.96	Ⅲ
底砾岩	薄层(<1.0m)	305.55	0.2	0.2	1.0	165.55	Ⅴ
	厚层(>2.0m)	433.80	0.1	0.2	0.5	353.80	Ⅲ
矿体	下盘含矿片岩	338.25	0.2	0.2	1.0	198.25	Ⅴ
	矿化板岩	409.25	0.1	0.2	0.5	329.25	Ⅳ
	上盘含矿板岩	383.00	0.1	0.2	0.5	303.00	Ⅳ

8.3 谦比西铜矿卸压开采方案研究

谦比西铜矿在露天转井下开采之后，由于矿体上盘围岩层理和节理发育，稳定性差，矿体厚度较小，倾角较缓，ZCCM公司采矿技人员进行了大量的采矿方法研究。根据矿体厚度、倾角和上盘岩体稳定性的情况采用了不同的采矿方法,主要采用分段空场法和分段崩落法进行回采,而这两种采矿方法的矿石回收率只有60%左右,废石混入率却高达60%,最高时达140%。到谦比西铜矿1987年停产时,ZCCM公司也没有找到适合于矿体开采条件的较好的采矿方法。

中色集团接管谦比西铜矿以来,根据矿山建设时的设计方案,主要采用分层充填法和无底柱分段崩落法开采,并在主采区试验分段空场嗣后充填法。但是由于矿体与近矿围岩稳定性较差,矿岩容易冒落,生产中沿脉凿岩巷屡遭破坏,而且难以形成采空场,由此导致生产不能正常进行,为此,需要重新研究适合谦比西铜矿床开采的卸压开采方法。

8.3.1 分段崩落法卸压开采的可行性分析

通过对谦比西矿区岩体结构面的调查以及对岩石点荷载强度的测定,分析了近矿岩体和矿体的稳定性情况,同时标定了试验采区内的钻孔岩芯破碎程度。从调查可以看出,近矿岩体比较破碎,位于此处的巷道极易冒落,而且总是拱角先片落,然后是拱顶冒落,最后是两帮片落,但是所有破坏巷道均未发现严重的底鼓现象。同时,通过现场调查发现,谦比西铜矿的分段巷道稳定性良好,这也表明采动地压集中作用于层理、节理发育的矿体与近矿围岩,而引起巷道塌冒的主要原因是破碎岩体受采动压力所致,而垂直压力是采动的主要压力。为此,解决沿脉凿岩巷破坏问题的根本方法,就是卸掉这种垂直压力,而上盘围岩为低品位矿化带,这一有利条件也为分段崩落法卸压开采提供了方便。

为了试验无底柱分段崩落法卸压开采,选择了1410线至1740线作为试验区,其中1410线至1590线为采动应力集中区,如图8-1所示。选择此区段为试验区域是因为在1410至1590线区段,高应力沿脉巷道的坍冒程度,与深部700m(L)中段相比,有过之而无不及,因此该区段试验成功后,所获得的掘支技术,可直接用于解决下部矿体沿脉巷的成巷难题。此外,在1590至1740线间已经应用崩落法采矿,通过回采指标的直接对比,便于研究下盘崩落角的合理值。

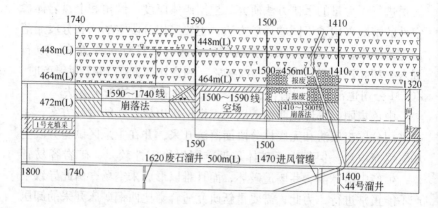

图 8-1 试验区开采条件

当采用分段崩落法卸压开采时，将其采场平面布置与分段空场嗣后充填法的平面布置相对比，如图 8-2 所示。可以看出，不管采用分段崩落法卸压开采还是空场嗣后充填法开采，其分段巷道的位置是一致的，沿脉凿岩巷的长度也一致，只是到矿体的距离前者大于后者。由于分段崩落法卸压开采是在岩石覆盖层下进行的放矿，其下盘放出角较陡；而空场嗣后充填法是在空场条件下进行的放矿，因此可以取较缓的下盘放出角。

通过对 1410 线至 1740 线之间两种采矿方法分段平面图的对比可以看出，分段崩落法卸压开采的采准工程量约为分段空场嗣后充填法采准工程量的 57.5%，这就是说，当分段崩落法卸压开采的分段高度是分段空场嗣后充填法的 57.5% 时，采场采准工程量即可持平。目前，分段空场嗣后充填法的分段高度为 16.5m，与其采准工程量持平的分段崩落法的分段高度约为 9.5m。而根据矿体条件，当采用较大分段高度时，投入的采场采准工程量将会进一步减少。

从采出矿石量看，分段空场嗣后充填法采场的矿石回采率在 60% 左右，而分段崩落法卸压开采的矿石回采率可达 75% 以上，由此采准系数也可降低 25% 左右。

分段崩落法卸压开采虽然存在着采出矿石的贫化率比分段空场嗣

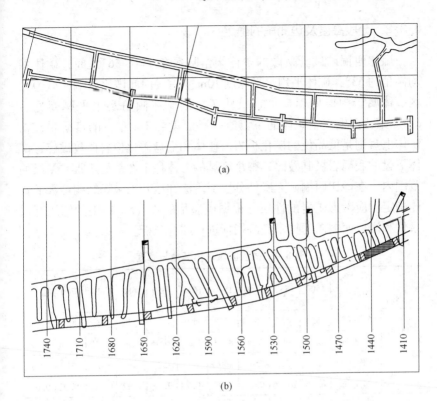

图 8-2 两种采矿方法采准工程量对比

(a) 分段崩落法卸压开采平面布置形式；(b) 分段空场嗣后充填法平面布置形式

后充填法大的缺点，但是改用分段崩落法卸压开采后，也具有以下几个优点：(1) 取消了充填环节，节省了充填费用；(2) 采用卸压开采方式可以改善巷道处的应力状态，使巷道支护工作量减小并且有利于提高巷道利用率；(3) 采场矿石回采率提高，由此可以增大生产能力，使固定成本摊销额降低。因此，从经济角度考虑，分段崩落法卸压开采可以通过增产的方式来达到分段空场嗣后充填法贫化低所取得的效益。

因此，从谦比西铜矿现场生产存在的问题以及上述的分析可以看出，在谦比西铜矿采用无底柱分段崩落法卸压开采是可行的。

8.3.2 分段高度及边孔角的确定

谦比西铜矿试验采区的矿体倾角基本在 45°~56°之间，矿体平均倾角约 53°；矿体平均水平厚度 10m 左右，因此谦比西铜矿试验采区矿体属于中厚倾斜矿体，试验区域的矿体倾角及水平厚度见表8-4。谦比西铜矿主矿体的下盘有一条厚度约 1m 左右的富矿带，在矿体上盘则是低品位的矿化板岩。矿体和上盘矿化板岩比较破碎，矿体下盘的底砾岩极其破碎，整个区域的岩体稳定性都处于 Ⅲ~Ⅴ级的范围内。在谦比西铜矿无底柱分段崩落法卸压开采采场结构参数的具体确定中应考虑矿岩的性质，根据应满足的式（5-8）中的卸压开采条件和谦比西铜矿的技术经济指标进行综合分析。

表 8-4 试验区域矿体倾角与厚度

标高（L）	剖面线	1500	1530	1560	1590	1620	1650	1680	1710	1740	平均
500m	倾角/(°)	55	55	54	51	50	51	51	48	48	51.6
	厚度/m	8.3	7.402	7.4	8.33	7.74	10.15	11.18	10.19	11.44	9.27
550m	倾角/(°)	53	52	50	50	48	52	49	51	51	50.7
	厚度/m	8.36	10.86	9.84	9.97	10.28	9.13	7.42	10.44	10.92	9.69
600m	倾角/(°)	53	52	51	54	56	52	50	50	53	52.7
	厚度/m	8.52	9.1	8.95	10.26	9.86	9.65	8.22	9.7	10.03	9.4
650m	倾角/(°)	51	51	54	47	52	50	48	53	56	52
	厚度/m	9.41	9.63	9.56	9.37	10.82	10.23	10.7	10.7	10.18	10.1
700m	倾角/(°)	64	49	63	60	56	58	55	54	52	56.8
	厚度/m	8.08	8.29	9.72	9.82	8.12	8.92	9.88	8.39	8.93	8.9

从表8-4可以看出，试验区域的矿体倾角和矿体厚度相对于无底柱分段崩落法开采的理想条件来说都较小，而矿体倾角和矿体厚度都是影响卸压开采的主要因素。因此，在谦比西铜矿试验区域的矿体倾角和厚度不足的条件下，只能实施分层卸压，即上一分层的回采只能为下分层卸压。回采进路只能沿矿体走向布置，并且为了达到卸压目的，回采进路必须布置在上分层回采后对下分层形成的应力降低区域

内。同时，为了回收下盘富矿带，回采进路也只能布置在下盘围岩内。为此，设计的谦比西铜矿试验区域内分段崩落法卸压开采采场结构形式如图 8-3 所示。

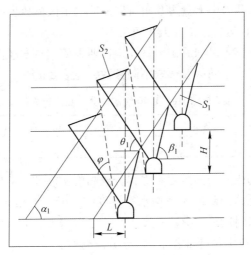

图 8-3　分段崩落法卸压开采采场结构示意图

根据卸压开采原理，要实现卸压开采的目的，下分层回采进路必须布置在上分层崩落边界的投影范围之内。但是当上盘只回采到矿体边界时，为卸压而将下分层回采进路布置在下盘围岩中将会开采较多的岩石，从而造成更大的矿石贫化。考虑到谦比西铜矿上盘围岩是低品位矿化板岩，可以多崩落上盘围岩而减少下盘围岩的崩落量，从而减少崩矿贫化率。因此，可以增加上盘中深孔的长度，崩落部分上盘围岩来达到卸压的目的。确定的分段崩落法卸压开采方案如图 5-3 所示。

在确定了分段崩落法卸压开采方案之后，采场结构参数的确定是十分重要的，合理的采场结构参数是保证开采方案成功实施的关键，从式 (5-8) 可以看出，采场结构参数的确定十分复杂，每个影响因素也相互联系，相互影响，而且还受到地质条件的影响和制约。

通过谦比西铜矿矿石散体的流动性实验，得出其散体流动参数 $\alpha = 1.2296$，$\beta = 0.3230$，在矿石放出中，放出体的下部比上部宽。根据谦比西铜矿散体流动特性确定了其上盘边孔角应大于 55°，而在覆岩下其散体放出角不应小于 70°。

根据式（5-8）中应满足的卸压开采条件，谦比西铜矿无底柱分段崩落法卸压开采中上盘边孔角可以取能满足散体放出的最小上盘边孔角 55°，下盘边孔角则应大于 70°。

根据采场应满足的放矿条件及谦比西铜矿的技术经济指标，所确定的分段高度在不同区段选取不同参数，见表 8-5。

表 8-5 1410～1740 线矿体分段高度计算值

位 置	600m(L)以上	600～700m(L)	700～900m(L)
分段高度/m	8～9	8～10	16～20

但是从卸压开采的角度考虑，分段高度不能大于上分段回采空区的跨度，谦比西铜矿矿体平均水平厚度约 10m，根据式（5-8）的条件，卸压开采时的最大分段高度应小于空区跨度。为此，谦比西铜矿在 600m 水平以上全部推荐采用 9m 分段高度。

对于回采巷道位置的确定，则需要根据卸压角的不同而引起的卸压程度大小来确定，因此需要分析分段高度 9m 情况下，回采后其下分段水平的应力变化情况。

8.4 谦比西铜矿卸压开采方案数值分析

8.4.1 卸压方案计算模型的建立

8.4.1.1 地质条件简化

谦比西铜矿的地质条件比较复杂，节理裂隙比较发育，近矿岩体类型较多，有底砾岩、泥质石英岩、粗砾岩、长石石英岩等，而且不同岩体类型在不同区域厚度不等，并且存在着互层现象，这些复杂的地质条件给数值建模带来极大的困难。考虑到矿体开采中大部分工程都布置在下盘泥质石英岩中，因此将近矿下盘岩体只简化为泥质石英岩一种类型。对于矿岩体中存在的大量节理裂隙等软弱结构面，在建立模型时无法考虑，只考虑节理裂隙对岩体参数的弱化。因此，在建立谦比西铜矿无底柱分段崩落法卸压开采数值模型时，将岩体类型简化为矿体、上盘石英岩和下盘泥质石英岩三种。

8.4.1.2 计算范围的选取

分段崩落法卸压开采试验采场位于 1410～1740 线之间，设计的回采进路沿矿体走向布置，而卸压开采所需要分析的是上分段回采后下分段的回采进路部位是否处于应力降低区，因此需要了解垂直于矿体走向方向的岩体应力在回采前后的变化情况。在消除模型边界影响的前提下，模型沿矿体走向方向取 100m，垂直矿体走向方向取 250m，高度方向取 200m，因此，建立的整个数值计算模型长×宽×高为 250m×100m×200m，总计 65394 个节点，61120 个单元。建立的数值计算模型如图 8-4 所示。

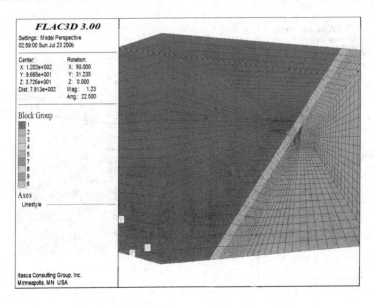

图 8-4 分段崩落法卸压开采数值计算模型

8.4.2 计算参数选取

8.4.2.1 边界条件

受各种条件的制约，在数值分析中不能对整个无限体进行单元划分和计算，而需要采用人工边界形成封闭的计算区域。因此，在计算中，模型采用位移边界和应力边界条件，即在模型左右（x 方向）和前后（z 方向）采取铰支边界，在底部（y 方向）采取固支边界；而模型的上表面则作为自由面，只施加上部岩体自重产生的压力作为约束条件。

8.4.2.2　初始条件

谦比西矿区及其附近没有明显的新构造活动的迹象，构造应力不明显。从现有的资料和巷道破坏现象分析，矿区地应力以自重力应力为主。因此，研究中所用的初始应力场以自重应力场为主，并根据式（3-16）进行计算，得到相应的初始应力场。整个分段崩落法卸压开采模型的初始应力场如图 8-5 所示。

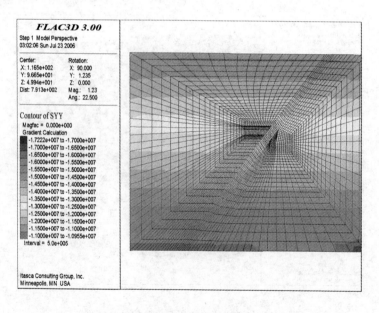

图 8-5　分段崩落法卸压开采模型初始应力场

8.4.2.3　岩体参数选取

根据计算模型岩体类型简化结果，对谦比西铜矿的岩体力学参数进行估算，并根据式（3-13）计算出相应的岩体体积模量 K 和剪切模量 G。计算中对于模型的开挖以及开挖后的空区选用

FLAC^{3D}内置的零模型（Null），而对于开挖前以及开挖后的非空区部分都采用莫尔-库仑塑性模型。卸压开采计算模型选取的计算参数见表8-6。

表8-6 分段崩落法卸压开采计算模型的岩体力学参数

岩体类型	R_c/MPa	R_t/MPa	C/MPa	φ/(°)	E/GPa	μ	K/GPa	G/GPa	γ/t·m^{-3}
上盘石英岩	25.3	0.3	5.23	45.1	26.46	0.25	17.64	10.584	2.7
矿 体	7.19	0.12	2.12	28.6	5.97	0.25	3.98	2.388	2.7
泥质石英岩	18.62	0.14	4.13	42.2	14.49	0.25	9.66	5.796	2.7

8.4.3 模型测点的布置及监测

在确定了数值计算模型及参数之后，为了能更直观地了解回采分段下分段水平的应力变化规律，以及下分段回采进路部位的应力状态，需要在回采分段的下分段不同部位设置一系列应力监测点，通过这些监测点的应力变化规律和整个开采区域的应力分布特征来分析谦比西铜矿分段崩落法卸压开采方案的可行性。模型在计算过程中在监测水平共设置了10个监测点，各个监测点的位置如图8-6所示。

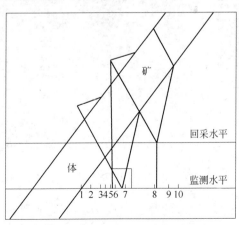

图8-6 模型监测点位置布置图

8.4.4　数值计算结果分析

数值计算中，并不考虑岩体的逐步开挖过程，认为在回采结束后其岩体应力状态是相同的，因此在数值计算中将整条进路的逐步回采简化为岩体的一次开挖，并计算至岩体应力平衡状态。

图 8-7 是开采后岩体的最小主应力分布特征图。从图中可以看出，开采后岩体的应力发生了明显的变化和重新分布，出现了应力升高区域和应力降低区域。从图中还可以看出，上分段回采后，在下分段矿体下盘岩体中出现一定范围的最小主应力降低区域，此区域也正是下分段回采进路的布置区域；在空区两侧拐角部位则出现应力集中区域，而左侧即上盘部位的应力集中程度和范围都最大，应力集中后最大值约为 -21.6MPa。

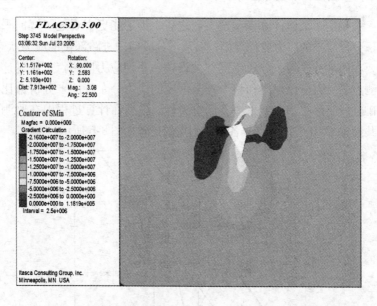

图 8-7　分段崩落法卸压开采后岩体最小主应力分布特征图

图 8-8 是开采后岩体的最大主应力分布特征图。从图中可以看出，开采后在空区周围出现应力降低区域，从其分布来看，主要是分布在矿体下盘空区周围。

从开采之后整个岩体应力场的变化规律和分布特征可以看出，当上分层回采结束后，与卸压开采相关的岩体垂向应力即最小主应力出现明显的应力升高区域和应力降低区域，而在下分段的矿体下盘部位则是出现明显的垂向应力降低区域，这有利于在下分段矿体下盘岩体中布置回采巷道及联络巷等工程，但是对于下分段具体回采巷道位置部位的应力降低程度则需要通过监测点的应力变化规律来确定。

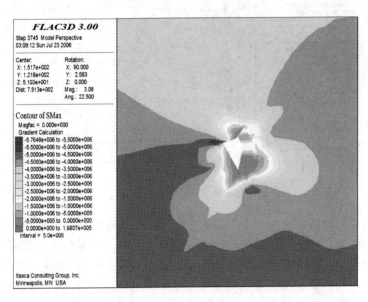

图 8-8　分段崩落法卸压开采后岩体最大主应力分布特征图

图 8-9 是卸压分段回采前后下分段监测点垂向应力变化曲线，从上向下依次是测点 7、测点 5、测点 6、测点 4、测点 3、测点 8、测点 2、测点 1、测点 9 和测点 10 的垂向应力变化曲线。从图中可以看出，在上分段回采之后，布置在下分段的各监测点都发生不同程度的垂向应力降低，这说明处于监测范围内的岩体都处于应力降低状态。其中测点 7 垂向应力降低率约为 27.6%，测点 5 垂向应力降低率约为 26.0%，测点 6 垂向应力降低率约为 24.9%，测点 4 垂向应力降低率约为 19.8%，测点 3 垂向应力降低率约为 19.6%，测点 8 垂向应力降低率约为 15.5%，测点 2 垂向应力降低率约为 11.0%，测点 1

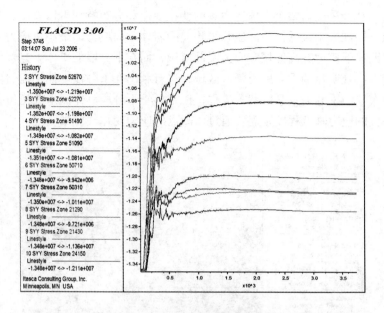

图 8-9　卸压开采下分段监测点垂向应力变化曲线

垂向应力降低率约为 9.2%，测点 9 垂向应力降低率约为 9.0%，测点 10 垂向应力降低率约为 6.8%。根据各监测点的垂向应力降低率，可以将垂向应力降低区按应力降低幅度大小分为三个区域。测点 7、测点 5 和测点 6 垂向应力降低率为 25% ~ 30%，是各测点中应力降低最大的区域，将该区域称为第一卸压区域；测点 3、测点 4 和测点 8 位于上分段回采空区投影范围之外，其应力降低量已经明显减弱，应力降低率为 15% ~ 20%，属于中等应力降低区域，将该区域称为第二卸压区域；测点 1、测点 2、测点 9 和测点 10 也位于上分段回采空区投影范围之外，其垂向应力降低率为 5.0% ~ 10.0%，属于应力降低较小的区域，将该区域称为第三卸压区域。可见，在进行无底柱分段崩落法卸压开采时，将下分段巷道布置在不同区域会得到不同的卸压效果。谦比西铜矿无底柱分段崩落法卸压开采方案中，下分段回采巷道的位置应尽量布置在第一和第二卸压区域。

　　根据数值计算中各监测点的垂向应力降低率绘制出的曲线如图 8-10 所示。从图中可以看出，上分段回采后下分段不同区域垂向应力降低程度不同，其中测点5、测点6和测点7位置是垂向应力降低程度最大的区域，因此应尽可能将回采进路布置在该区域，以达到较好的卸压开采效果。

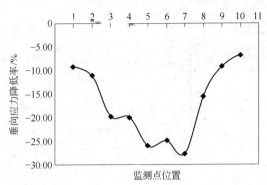

图 8-10 卸压开采方案监测点垂向应力降低率曲线

图 8-11 ~ 图 8-13 是测点 5、测点 6 和测点 7 的主应力变化曲线，图中从上向下依次是最大主应力、中间主应力和最小主应力变化曲

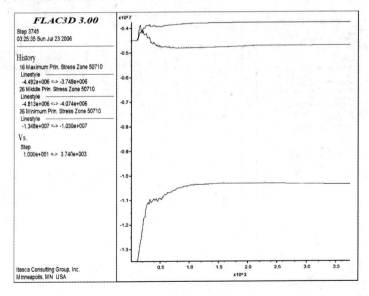

图 8-11 测点 5 主应力变化曲线

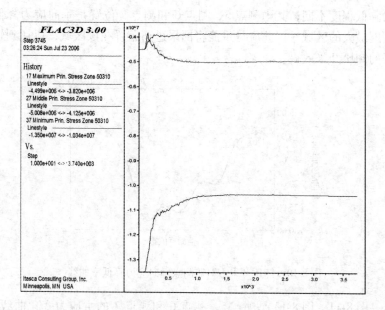

图 8-12   测点 6 主应力变化曲线

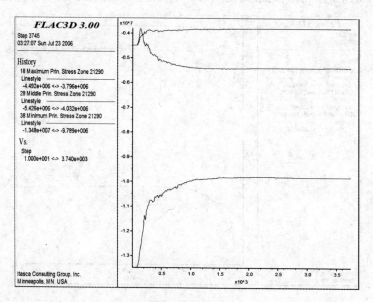

图 8-13   测点 7 主应力变化曲线

线。测点5、测点6和测点7是回采进路布置的区域，从图中可以看出，在上分段回采后，下分段回采进路部位的最大主应力都发生了轻微降低，中间主应力发生了轻微的升高，而最小主应力则发生了明显的降低，如果将回采进路布置在测点5至测点7的位置，可以实现25%～30%左右的卸压程度。

8.4.5 进路位置的确定

数值分析表明，在谦比西铜矿卸压开采方案下，上分段回采后其下分段的进路位置可以布置在第一卸压区的测点5至测点7位置，也可以布置在第二卸压区的测点3至测点4位置。显然，如果布置在第一卸压区其卸压程度较第二卸压区高，但其开掘下盘岩石较第二卸压区的要多。回采巷道布置在第一卸压区时，巷道距矿体下盘的距离 L 约为6m；布置在第二卸压区测点3的位置时，巷道距矿体下盘的距离 L 约为4m。根据谦比西铜矿的地质条件，在矿体下盘的富矿带和底砾岩节理裂隙极其发育，矿岩稳定性极差，在布置回采进路时应避开该破碎带的影响，为此，回采巷道拱角部位应与下盘不稳固岩层的距离保持在2.0m以上。如果将回采巷道布置在第二卸压区，虽然可以少开掘下盘围岩，但是不能避开下盘破碎带的影响，因此，把回采巷道布置在第一卸压区内即能避开下盘破碎带的影响，又能达到较好的卸压效果。

谦比西铜矿无底柱分段崩落法卸压开采中，在分段高度9m情况下，其回采进路位置可以按远离矿体下盘6m左右进行确定，此时其卸压程度为25%～30%，下盘边孔角为70°～78°。

8.5 卸压开采方案设计

从图8-1可以看出，在试验区域的1410～1590线之间，上部采场因塌冒未回采，因此无法形成崩落法覆盖层条件。此外，由于矿体倾角不足，上部冒落矿量难以在下部回收，因此需要利用现有工程尽量回收上部残矿，同时也为下分段崩落法试验采场创造覆盖层条件。为此将试验区域的480m水平作为残矿回收水平，488m水平作为卸压回采水平，设计的分段崩落法卸压回采方案如图8-14～图8-17所示。根据不同的矿体条件，为了尽可能的少崩落废石，同时也为了实现卸压开采的目的并保证回采巷道的稳定性，并能充分回收下盘富矿，崩矿边孔角应尽量保持一致。因此，设计中采用双凿岩中心进行中深孔凿岩，这样既能保证上下盘边孔角，又能少崩落岩石并实现卸压。

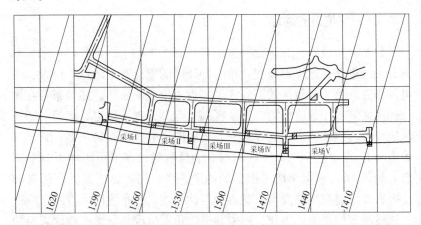

图 8-14 488m 水平 1410～1620 线分段崩落法卸压回采方案采场平面图

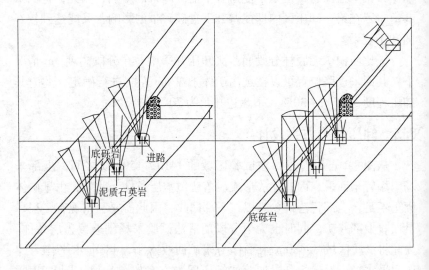

(a)   (b)

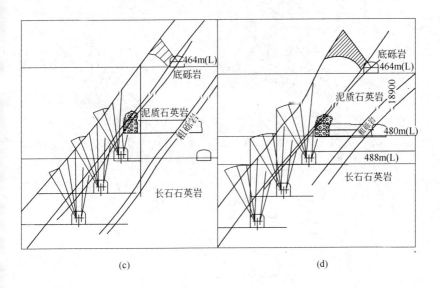

(c)   (d)

图 8-15 488m 水平分段崩落法卸压回采方案采场剖面图
(a) 1410 线；(b) 1470 线；(c) 1530 线；(d) 1590 线

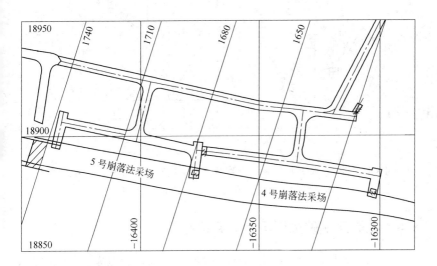

图 8-16 488m 水平 1620 ~ 1740 线分段崩落法
卸压回采方案采场平面图

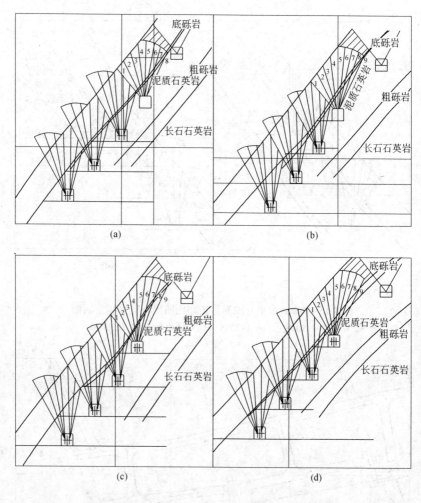

图 8-17　488m 水平 1410～1620 线分段崩落法卸压回采方案采场剖面图
(a) 1650 线；(b) 1680 线；(c) 1710 线；(d) 1740 线

8.6 谦比西铜矿锚杆支护方案优化

谦比西铜矿回采巷道受采动地压影响较大，巷道塌冒比较严重，采用无底柱分段崩落法卸压开采方式回采后能有效降低回采巷道部位的应力集中程度，从而增加巷道的稳定性。虽然卸压可以有效降低回采巷道部位的应力大小从而达到维护巷道稳定性的目的，但是对于谦比西这样的矿体条件，仅仅通过卸压并不能完全解决回采巷道的稳定性问题，而应采用卸压与支护并用的手段来维护回采巷道的稳定性。锚杆支护数值分析表明，巷道部位的岩体应力大小以及锚杆支护参数的大小都会对巷道的稳定性产生重要影响，因此可以根据数值分析的结论对谦比西铜矿的锚杆支护参数进行优化。

谦比西铜矿原来锚杆支护基本采用 0.8m×0.8m 的参数，在岩体比较破碎的地方则减小支护参数，增加锚杆密度。而采用卸压开采之后，从数值分析结果来看，巷道的稳定性有很大程度的提高，其支护参数也可以适当增大，甚至在卸压效果比较理想、岩体也较完整的地方不进行支护。

根据数值计算结果可知，拱顶部位锚杆所受轴力最大，也是破坏范围最大的区域，因此，在锚杆支护中可以对拱顶部位采用较小支护参数，从而增加顶板部位的支护强度；而对于拱顶以外的支护部位可以适当增大支护参数，从而减小支护工程量。但是到底采用多大的支护参数比较合适，还需要通过现场试验来进一步确定。根据数值计算结果，卸压开采可以有效降低巷道的变形并提高其稳定程度，因此在卸压开采之后，其支护参数可以初步设计为拱顶 0.8~1.0m，拱顶以外部位采用 1.0~1.2m，锚杆排距采用 1.0~1.2m；对于岩体比较破碎的区域则降低支护参数，拱顶采用 0.6~0.8m，拱顶以外部位采用 0.8~1.0m，锚杆排距采用 0.8~1.0m。

谦比西铜矿矿体倾角变化较大，上部矿体倾角小，下部矿体倾角大，在不能实现卸压开采的区域，需要根据矿岩稳固性程度选择合理的锚杆支护参数。在矿岩破碎、稳定性差的区段仍需要加强支护等级，即减小锚杆支护参数，增加锚杆数目，可由目前的 0.8m×0.8m 的支护参数减小为 0.6m×0.6m 的支护参数，或在巷道拱顶和拱角部位采用 0.6m 的锚杆间距，在其他部位采用 0.8m 的锚杆间距。但是不管卸压与否，在矿岩破碎地段都需要采用金属网或钢筋条进行二次支护。对于能实现卸压开采和不能实现卸压开采的矿体，为了维护巷道的稳定性，其优化的锚杆支护布置示意图如图 8-18 所示。

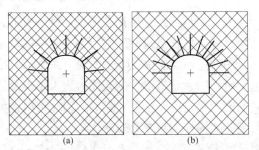

图 8-18　谦比西铜矿锚杆支护布置示意图

（a）卸压开采；（b）不卸压开采

8.7　谦比西铜矿卸压开采方案的实施效果

8.7.1　巷道收敛监测

　　谦比西铜矿在实施无底柱分段崩落法卸压开采方案并对锚杆支护进行优化改进之后，取得了较好的开采效果。为了分析卸压开采和锚杆支护之后达到的效果，在 529m 水平三盘区 6 号采联巷部位进行了巷道收敛监测。共设计了 11 排监测点，设计的监测点位置如图 8-19 所

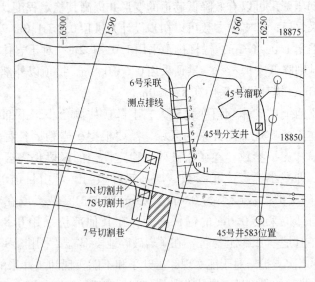

图 8-19　巷道收敛监测位置

示。巷道采用掘支一体化支护技术，根据岩体稳定性程度采用 0.8m ×0.8m 的锚杆支护参数，完成支护马上埋设监测点并监测。监测的巷道顶板垂向收敛数据见表 8-7，巷道两帮水平收敛数据见表 8-8。

表 8-7 巷道顶板垂向收敛位移量数据 （mm）

日　期	1	2	3	4	5	6	7	8	9	10	11
2006-10-06	0.00	0.00	0.00	0.00	0.00	0.00	0.00	0.00	0.00	0.00	0.00
2006-10-10	2.09	-2.25	2.16	-5.80	-45.76	-0.10	0.73	-0.15	32.37	-0.07	5.68
2006-10-25	3.35	-2.62	-56.76	-7.46	-45.74	-3.87	20.10	1.36	33.16	-2.45	5.19
2006-11-03	1.16	-5.53	0.05	-7.15	-46.36	-4.05	3.72	-0.45	12.26	-6.10	1.07
2006-11-17	7.89	-1.27	2.99	-8.10		-6.34	13.96	2.91	11.54		0.68

表 8-8 巷道两帮水平收敛位移量数据 （mm）

日　期	1	2	3	4	5	6	7	8	9	10	11
2006-10-06	0.00	0.00	0.00	0.00	0.00	0.00	0.00	0.00	0.00	0.00	0.00
2006-10-10	-3.03	-1.10	-0.01	-1.14	88.42	-0.82	1.39	-0.04	-0.44	0.46	-5.73
2006-10-25	-0.75	-0.55	-0.69	-1.11	85.40	-1.62	-33.63	-2.52	-2.56	-1.34	-7.05
2006-11-03	-3.09	-0.89	-2.13	-1.30	84.53	-4.41	-1.96	-2.42	5.28	-2.16	-7.12
2006-11-17	-2.94	-0.60	-0.39	10.72		-1.03	-4.81	-1.33	8.71		-10.98

表 8-7 和表 8-8 中，以第一次监测数据为基准，其他时间的监测都以第一次监测为基础计算其变化量，其中正数表示位移方向指向巷道外，负数表示位移方向指向巷道内。从顶板及两帮的变形情况来看，除了第 5 排和第 9 排位置变形量较大外，其余位置变形量都较小。

8.7.2 卸压开采方案的实施效果

谦比西铜矿分段崩落法卸压开采方案从 2005 年 5 月 20 日开始回采，在 500m 中段 488m 分段 1740 ~ 1620 线 5 号采场进行了中深孔起爆方式试验及出矿品位标定。488m 水平 5 号试验采场平面及中深孔布置形式如图 8-20 所示。

谦比西铜矿试验采区在采用无底柱分段崩落法卸压开采技术之后，地压显现现象相比以前有了极大的减弱，有效地解决了回采巷道的垮冒问题。采准工程达到了 100% 的利用率，有效地提高了矿石的

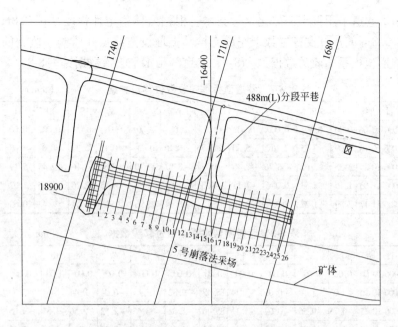

图 8-20 5 号试验采场平面及中深孔布置形式

回采率，试验采区的贫化率约为 30%，损失率约为 25%。

9 高峰矿深部卸压开采技术研究

9.1 地质概况

高峰矿是华锡集团控股的大型矿山基地之一，在大厂矿区国家规划区的 2.8km² 范围内。矿田的主要构造为北西向褶断带，由北西向紧密线状复式褶皱与北西向逆冲断裂组成，复式褶皱主要由不对称背斜组成，逆冲断裂往往切割背斜较陡的西翼，与之形成纵向构造带。其中大厂断裂与大厂背斜、龙箱盖断裂与龙箱盖背斜（属丹池大断裂和丹池大背斜的一部分）以及一系列小褶曲分别构成矿田内的西、中、东三个构造带。次为北东向断裂构造，属横向正断裂或平移断裂，以塘头、铜坑、茶山三条断裂为主，次一级北东向断裂亦较发育。北东向断裂往往以一定的距离切割北西向断裂，构成了网格状构造。在矿田中部，围绕火成岩形成一系列短轴褶皱、裂隙和帚状构造，构成环状构造带。此外，矿田内还发育一组南北向断裂，被岩浆岩和晚期钨锑矿脉所充填。

矿区矿床类型主要为锡石-硫化物型，仅在矿区北东瓦窑山深部出现矽卡岩型锌铜矿床。矿区内自地表往下依次分布有含锡破碎带矿体，似层状矿体，透镜状、脉状矿体。

(1) 含锡破碎带矿体。赋存于大厂背斜轴部上盘近南北向的破碎带内，呈似层状、透镜状产出。围岩主要为硅质岩，工业矿物主要为锡石，仅见少量残余硫化物及硫盐矿物，其矿床规模达大型。

(2) 似层状矿体。主要分布于背斜近轴部及平缓的东翼的"虚脱"构造、层间滑脱构造中，如 1 号、94 号、95 号、96 号、28-2 号矿体。这些矿体呈大致平行的缓倾斜似层状产出，矿床规模达中至大型。

(3) 透镜状、脉状矿体。产于礁灰岩内近于南北向的裂隙带和断裂带中，在浅部常呈裂隙脉或不规则囊状，规模小；在中深部为一系列近于雁行排列的透镜状矿体，以 100 号、105 号矿体为主。其中 100 号及旁侧的 100-1 号、100-2 号、106 号矿体分布在 F_3 断裂上盘，而 105 号矿体则分布于深部 F_3 断裂下盘，矿体规模达大至特大型。

巴力-龙头山矿区 105 号矿体与 100 号矿体的地质特征基本相同，两者均赋存于中泥盆统生物礁灰岩中，同属锡石-硫化物型中锡石-铁闪锌矿-脆硫锑铅矿-磁黄铁矿亚型矿床。105 号矿体位于 100 号矿体东侧之下部，F_3 断层的下盘，已控制部分位于 48-50 号至 II 号勘探线之间。高峰公司《105 号矿体现状调查报告》资料表明，105 号矿体在 52-54 号勘探线 -79m 标高的采空区与 100 号矿体的采空区相连接。标高 -79m 以上的矿体为 100 号矿体，标高 -79m 以下的矿体部分为 105 号矿体。105 号矿体埋藏深度较大，已控制部分距地表约为 800~1200m，控制标高为 -79 ~ -284.6m。矿体走向近于南北，以 -151m 水平为界，上部总体倾向东，下部北段倾向西，下部南段倾向南东，向南西方向侧伏。目前工程控制矿体长 459m，水平宽 139m，延深大于 205.6m，矿体往深部延伸尚未控制完毕。总体而言，105 号矿体为一个形态极其复杂、不规则凹凸状的扁豆体，矿体厚大部位主要位于中上部和侧伏端。其中 3 号矿段为 105 号矿体的主矿段，另外还有两个大的分枝：1 号矿段、2 号矿段。1 号矿段顶部与 100 号矿体采空区相连，1 号矿段与 3 号矿段之间夹着规模较小的 2 号矿段。

100 号矿体埋藏在 +690 ~ -79m 之间，探明储量 1074 万吨，为世界罕见的多金属特富矿体，走向长度 160 ~ 300m，水平厚度平均为 15m，矿体上陡下缓，目前开采已经基本结束。105 号矿体位于 100 号矿体的下方，埋藏在 -79m 标高以下，为 100 号矿体相连的多金属特富矿体，矿体长度 350m，水平厚度 4 ~ 50m，矿体两头厚，中间薄，呈哑铃状。

矿区中部为生物礁灰岩岩溶水区，四周为裂隙水区。洪塘暗河入口处 620m 标高为当地最低侵蚀基准面标高，105 号矿体为深埋型隐伏矿体。矿井最低排泄面标高 -200m。

生物礁灰岩溶洞-溶蚀裂隙含水层（D_2^1）是矿区主要含水层，亦是100号矿体及105号矿体主要充水含水层。该层岩性为生物礁灰岩，呈半封闭状岩溶洼地出露在矿区中部，出露长1200m，宽200m，面积0.241.8km²，汇水面积1.8km²。据钻孔资料，该层为一马蹄形穹丘状的宝塔礁，厚度大于900m。该层地下水赋存于溶洞-溶蚀裂隙中，富水不均匀，钻孔单位涌水量0.0010～0.8469L/s·m，渗透系数0.0007～0.5167m/d，富水性、透水性中等，往深部富水性逐渐减弱。

在构造应力作用下，位于大厂背斜核部的生物礁灰岩内，发育北东向、北西向、南北向三组断裂和裂隙。三组不同方向的断裂和裂隙交汇部位，岩层破碎，利于溶蚀裂隙和溶洞发育，形成该层主要的含水地段。

9.2 高峰矿地应力环境分析

高峰矿区地质构造为复式褶皱、巴力-龙头山破碎带、层间破碎带，以及多期多组的断裂等，这些构成了高峰矿区地质构造格局。随着构造运动发生和发展，老构造运动在岩体内留下的残余应力与后来的或正在进行的构造运动的应力叠加，形成了复杂的构造应力场。一般而言，没有受到矿山工程影响的岩体，被称为原岩体，而天然存在的应力，被称为原岩应力，它以岩体构造应力为主。根据桂林工学院提供的工程地质资料，大厂矿田地处桂北隆起与桂西凹陷接合部位，受丹池复式背斜及大断裂控制。巴力-龙头山矿区位于丹池复式背斜之大厂次级背斜的核部，矿区出露地层主要为泥盆系，主要为碳酸盐建造。从区域上看，由挤压作用形成次级构造。以上断裂构造在矿区表现不强烈。矿区岩浆活动弱，主要形成规模不大的中酸性岩脉。矿区出露的地层主要为泥盆系中、上统。中统纳标组（D21）生物礁灰岩出露于大厂背斜构造的核部，上统罗富组（D22）、榴江组（D31）、五指山组（D32）和同车江组（D33）出露于背斜的两翼，其岩石主要为不纯碳酸盐岩、碎屑岩碳酸盐岩。矿区内构造以褶皱和断裂为主。褶皱构造主要为大厂背斜，背斜轴向为330°～340°，东翼缓，岩层倾角为20°～40°；西翼陡，岩层倾角70°～75°。随着深部区段环境条件和深度的变化，地应力与上部区域相比明显增加，参照昆明理工大学在高峰矿区 +250 ~ +300m 标高间进行岩体取样，应用凯撒效应对这一区域的原岩应力场进行的相关实验测试结果（见表 9-1），结合长沙院 2010 年对高峰深部 -200m 地应力的测量结果，作出地应力随深度的分布如图 9-1 所示。

表 9-1　高峰矿区 +250 ~ +300m 标高间的地应力参数表

应力	方位角/(°)	倾角/(°)	原岩应力/MPa	备　注
σ_1	346	2（向上）	15.1	第一主应力（水平）
σ_2	250	69（向上）	14.3	第二主应力（水平）
σ_3	75	20（向上）	12.7	第三主应力（垂直）

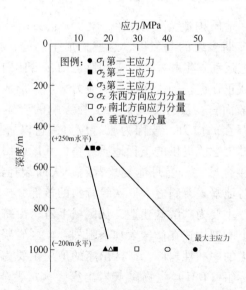

图 9-1　高峰矿区深部地应力分布

综合研究表明，构造应力的水平应力比垂直应力大，侧压力系数在此处为 1.72。此次地应力测量结果的主应力方向及大小与地质构造较一致，符合矿山深部地应力规律。

9.3 105号矿体采空区分布情况

105号矿体现状调查报告显示，矿体 -181m 水平以上各窿开采形成的采空区共有 11 个，采空区总体积达到 $4.8 \times 10^5 m^3$，大于 $10000 m^3$ 的采空区有 4 个，全部在 -125m 水平以上，占已查明采空区体积的 97.5%。-152m 水平以下采空区规模不大，采空区相对独立，除个别地段外，基本上无充填物，一般采空区内都留有不规则矿柱，采空区高度在 2.5~6m 之间，人员可以进入测量。105号矿体采空区分布情况列于表9-2和表9-3中。

表9-2 采空区分布表

采空区编号	位置	标高/m		面积/m²	高度/m	体积/m³	矿柱情况	备注
		顶板	底板					
1	54线附近	-59	-63	503	4	2012	两个	105号矿体顶部100号矿体的采空区，部分与105号矿体采空区相通
2	54线附近	-79	-101	3632	22	79904		顶板有垮落
3	54线附近	-101	-103	3127	2	6254	边部多	中部顶板部分垮落
4	54线附近	-106	-110	3537	4	14148	有	
5	52线附近	-110	-114	286	4	1144	有	
6	52线附近	-112	-114	290	2	580		
7	52线附近	-114	-120	345	6	2070		
8	50线附近	-117	-125	316	8	2528	有	
9	50-52线	-114	-124	63	10	630		
10	50-52线	-120	-124	157	4	628		
11	52-54线	-123	-129	163	6	978		
12	54线	-124	-129	300	5	1500		
13	Ⅰ-Ⅱ线	-124	-134	542	10	5420		
14	54线附近	-126	-133	398	7	2786		
15	52-54线	-131	-145	931	14	13034		
16	54线	-139	-142	1034	3	3102		
17	Ⅱ线	-140	-152	1276	12	15312		
18	Ⅱ线附近	-134	-145	765	11	8415		
19	50线	-140	-151	57	11	627		

采空区编号	位置	标高/m		面积/m²	高度/m	体积/m³	矿柱情况	备 注
		顶板	底板					
20	50-52 线	-131	-140	49	9	441		
21	Ⅱ线	-165	-169	1350	4	5400	多	
22	Ⅱ线	-178.5	-181	835	2.5	2088		
23	52-54 线	-115	-120	884	5	4420		
合 计						173421		
-79m 以下空区合计						171409		

表 9-3 空区叠置关系表

采空区编号	水平标高/m	最薄隔板厚度/m	备 注
2、3	-101 ~ -103	2	完全叠置,隔板承重
3、4	-103 ~ -108	3	完全叠置,隔板承重
4、23	-115 ~ -120	5	部分叠置,隔板承重
6、7	-112 ~ -120	互通	部分叠置,隔板承重
7、10	-114 ~ -124	互通	部分叠置,隔板承重
13	-124 ~ -133	部分叠置 4 号下面	独立,多分层相通,隔板承重
14	-126 ~ -133		独立,多分层相通,隔板承重
15	-131 ~ -145	位于 23 号正下方,11m	独立,多分层相通,隔板承重
17、18	-134 ~ -152	7	部分叠置
17、21	-140 ~ -166	10	部分叠置
17、22	-140 ~ -181	26.5	部分叠置
21、22	-166 ~ -181	12.5	部分叠置

从采空区的分布情况可以看出:100 号深部延伸矿体内的采空区主要分布在 -166m 水平以上,是影响整个安全开发利用的主要因素。上述几个大规模的采空区基本上有碎石或崩落大块所充填,再加上长时间停止作业,整个空区处于相对稳定状态,但其周边围岩却一直处于应力集中状态。在没有达到岩体的破坏极限之前,其相对稳定状态仍然会持续下去,当受到新的扰动的情况时,极可能引起空区坍塌、冒顶、围岩开裂或层间错动,甚至带来危害较大的地压活动。

-166m水平以下的采空区规模较小，顶板暴露面积在2000m² 以下，且采空区内都留有一定的矿柱，采空区相互独立，处于相对稳定状态。由于高峰矿近几年对采空区进行大量充填处理，现场调查时，在采空区周边未发现有新的地压活动迹象。

9.4 高峰矿岩体稳定性分级

根据国家工程岩体分级标准，获得的岩体稳定性分级结果见表9-4。

表9-4 部分调查区域岩体完整程度定性划分结果

地 点	节理密度/条·m⁻³	平均间距/m	节理组数	分散节理条数	岩性	完整程度	质量级别
-103m脉外巷	26.2	0.3	3	2	灰岩/白岗岩	较破碎	III
-114m探矿巷(穿脉)	24.8	0.1	1	3	礁灰岩(矿体)	破碎	IV
-114m脉外巷(南侧)	13.1	0.2	2	2	礁灰岩(围岩)	较破碎	III
-124m西北工作面	42.3	0.11	3	4	礁灰岩(围岩)	极破碎	V
-123m中部工作面	10.5	0.23	2	2	礁灰岩(矿体)	破碎	IV
-123m中部东侧沿脉巷	27.9	0.13	3	3	礁灰岩(矿体)	极破碎	V
-116m工作面	23.5	0.16	2	1	礁灰岩(矿体)	破碎	IV
-123m北部小矿体岩脉巷	18.4	0.31	3	3	礁灰岩(矿体)	破碎	IV
-139m南部工作面	17.6	0.21	3	3	礁灰岩(围岩)	破碎	IV
-151m北部工作面	22.4	0.11	2	4	礁灰岩(围岩)	破碎-极破碎	V
-151m北部脉外巷	29.2	0.14	2	3	礁灰岩(围岩)	破碎-极破碎	V
-151m(48-50线)	19.9	0.12	2	3	礁灰岩(矿体)	破碎-极破碎	V
-166m	28.1	0.38	3	4	礁灰岩(矿体)	极破碎	V
-177m探矿岩脉巷	41.4	0.11	3	5	礁灰岩(矿体)	极破碎	V
-200m北部岩脉	19.8	0.21	2	3	礁灰岩(矿体)	破碎	IV
-200m北部巷	19.4	0.11	2	3	礁灰岩(围岩)	破碎-极破碎	V
-200m南部脉外巷	27.7	0.16	3	2	礁灰岩(围岩)	破碎	IV
-200中部地震影响区段	122.3	0.03	6	3	礁灰岩(矿岩)	极破碎	V
-189m	27.2	0.08	1	2	礁灰岩(围岩)	破碎	IV

根据高峰矿 105 号矿体各工作面顶板岩层与围岩工程地质现场调查进行的岩体稳定性分级，表明高峰矿深部区域矿岩破碎，岩体质量较差。

9.5   高峰矿深部开采地压活动规律

9.5.1   计算模型的建立

由于 FLAC^{3D} 前处理功能差，高峰矿开采模型在 Ansys13.0 中的 Workbench 模块的 DesignModeler 中建立，然后通过编写的转换程序导入 FLAC^{3D} 中进行计算分析。

模型生成步骤如下：

（1）地表模型的生成。通过高峰矿提供的地表高程地质图，地表每 200m 取一个剖面，利用 Workbench-DesignModeler 中的 skin 命令，连接这些剖面，依次生成整个矿山的地表模型。注意生成地表模型的时候，模型属性要选择 Frozen，以便矿体模型生成后，两者进行布尔运算。地表模型如图 9-2 所示。

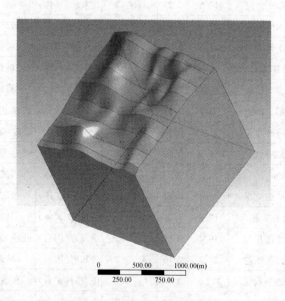

图 9-2   高峰矿地表三维模型

（2）矿体模型的生成。和地表模型生成的方法一样，利用矿体的地质剖面图，在 DesignModeler 里各个水平上画出矿体的地质边界草绘。利用 skin 命令连接这些矿体边界，从上自下依次生成矿体模型，如图9-3 所示。

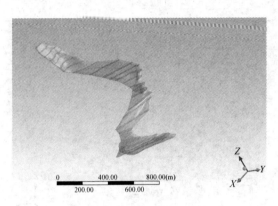

图9-3　高峰矿体三维模型

（3）采空区模型的生成。利用采空区分布的地质图，在 Workbench 里面采空区底部所在的水平上画出采空区边界，然后使用 Extrude 命令拉伸指定高度。生成的采空区模型如图9-4 所示。

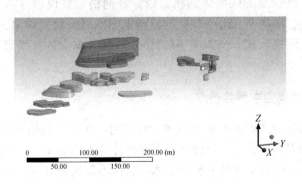

图9-4　高峰矿深部采空区三维模型

（4）完整开采模型的建立。之前三步依次生成了地表模型、矿体模型和采空区模型。利用 Workbench 的体布尔运算，采空区在矿体里面，矿体在地表模型里面。布尔运算的步骤是先拿地表模型减去矿体模型，并保留矿体模型；然后再用地表模型和矿体模型减去采空区模型，并保留采空区模型，最后让三者形成一个完整的计算模型，如图 9-5 所示。

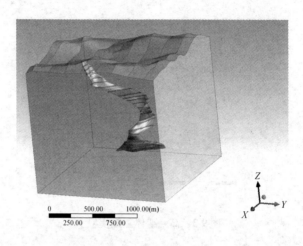

图 9-5　高峰矿三维计算模型

（5）划分网格。由于矿体及采空区形态复杂，因此划分网格类型为适应性较强的四面体网格，划分好网格后将模型导入 FLAC^{3D}。利用转换程序将 Workbench 里的模型里面的网格数据输出为 FLAC^{3D}能识别的网格数据，进入 FLAC^{3D} 导入网格数据文件，模型如图 9-6 所示。

9.5.2　岩体力学参数选取

地压分析计算中主要考虑围岩礁灰岩、矿体、充填体和采空区。假设模型岩体都属于弹塑性材料，数值计算采用莫尔-库仑屈服准则。计算中把 100 号矿体和 105 号矿体的岩体参数区分开来，100 号岩体的相关参数由高峰矿提供，105 号矿体的相关参数由岩石力学实验并通过 RMR 法转化所得，计算岩体参数见表 9-5。计算中对模型开挖后的空区选用 FLAC^{3D} 内置的空模型（Null），对于开挖前以及开挖后的非空区部分都采用莫尔-库仑塑性模型。

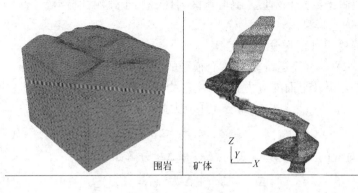

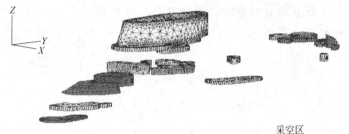

采空区

图 9-6　导入 FLAC^{3D} 后的计算模型

表 9-5　数值计算中岩体的物理力学参数

矿岩类型	弹性模量 /×10^{10}Pa	泊松比	内聚力 /×10^{6}Pa	内摩擦 角/(°)	单向抗压 /×10^{6}Pa	单向抗拉 /×10^{6}Pa	密度 /kg·m^{-3}
100 号矿体	1.0	0.22	1.41	42	11.68	0.23	4.41
100 号围岩	1.6	0.26	1.96	45	18.80	0.31	2.58
105 号矿体	1.44	0.22	1.25	48.65	6.32	0.225	4.41
105 号围岩	1.35	0.26	0.731	46.28	2.22	0.114	2.58
1:6 充填体	0.05	0.24	0.40	34	4.00	0.30	2.20

9.5.3　屈服准则

莫尔-库仑模型通常用于描述土体和岩石的剪切破坏。模型的破坏包络线和莫尔-库仑强度准则（剪切屈服函数）以及拉破坏准则

（拉屈服函数）相对应。高峰矿区岩体都属于弹塑性材料，这里采用莫尔-库仑模型。

9.5.3.1 增量弹性定律

FLAC^{3D}程序运行莫尔-库仑模型的过程中，用到了主应力σ_1、σ_2和σ_3，以及平面外应力σ_{zz}。主应力和主应力的方向可以通过应力张量分量得出，且排序如下（压应力为负）：

$$\sigma_1 \leqslant \sigma_2 \leqslant \sigma_3 \tag{9-1}$$

对应的主应变增量Δe_1、Δe_2和Δe_3分解如下：

$$\Delta e_i = \Delta e_i^e + \Delta e_i^p \quad (i = 1,3) \tag{9-2}$$

式中，上标 e 和 p 分别指代弹性部分和塑性部分，且在弹性变形阶段，塑性应变不为零。根据主应力和主应变，胡克定律的增量表达式如下：

$$\begin{cases} \Delta\sigma_1 = \alpha_1 \Delta e_1^e + \alpha_2 (\Delta e_2^e + \Delta e_3^e) \\ \Delta\sigma_2 = \alpha_1 \Delta e_2^e + \alpha_2 (\Delta e_1^e + \Delta e_3^e) \\ \Delta\sigma_3 = \alpha_1 \Delta e_3^e + \alpha_2 (\Delta e_1^e + \Delta e_2^e) \end{cases} \tag{9-3}$$

式中，$\alpha_1 = K + \dfrac{4G}{3}$；$\alpha_2 = K - \dfrac{2G}{3}$。

9.5.3.2 屈服函数

根据式（9-1）的排序，破坏准则在平面（σ_1，σ_3）中进行了描述，如图 9-7 所示。由莫尔-库仑屈服函数可以得到点 A 到点 B 的破坏包络线为：

$$f^s = \sigma_1 - \sigma_3 N_\varphi - 2C \sqrt{N_\varphi} \tag{9-4}$$

B 点到 C 点的拉破坏函数如下：

$$f^t = \sigma^t - \sigma_3 \tag{9-5}$$

式中　φ——内摩擦角；

　　　C——黏聚力；

　　　σ^t——抗拉强度。

$$N_\varphi = \frac{1 + \sin\varphi}{1 - \sin\varphi} \tag{9-6}$$

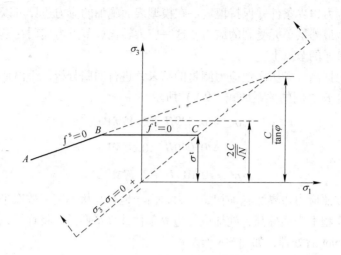

图 9-7 莫尔-库仑强度准则

注意到在剪切屈服函数中只有最大主应力和最小主应力起作用，中间主应力不起作用。对于内摩擦角 $\varphi \neq 0$ 的材料，它的抗拉强度不能超过 σ_{max}^t，公式如下：

$$\sigma_{max}^t = \frac{C}{\tan\varphi} \tag{9-7}$$

9.5.4 边界条件

根据高峰矿历次绝对地应力的调查，高峰大厂矿区构造应力明显，数值计算中应考虑构造应力。在 FLAC^{3D} 中，边界条件的定义并无通常的位移边界条件，而是速度边界条件，即通过设定模型边界节点的速度（通常设定边界节点某个方向的速度为零）来实现位移边界条件的控制。FLAC^{3D} 中也不存在真正的力边界条件，模型内的应力只能通过自身的应力重新分布达到平衡。由于岩体自重是以体力作用在模型上的，这就是模型的应力重新分布成为应力与自重应力相平衡的结果，得到的初始应力场往往只是自重应力场，并不符合深埋工程初始应力场的实际情况。应力边界法在初始应力场的生成过程中，数值模型不设速度边界条件，仅在模型表面根据地应力场的分布情况施加应力边界条件并保持恒定。在模型表面施加的应力边界可以认为是模型最外层单元受到的应力，这一应力转化成节点力作用在模型最外层单元的节点上。

根据高峰矿历次地应力测量的结果，进行回归分析，得出地应力与深度 H 之间的关系如式（9-8）所示：

$$\begin{cases} \sigma_x = 0.029H + 0.45\,\mathrm{MPa} \\ \sigma_y = 0.040H - 0.55\,\mathrm{MPa} \\ \sigma_z = 0.017H + 2.77\,\mathrm{MPa} \end{cases} \tag{9-8}$$

按照应力边界法施加初始应力，由于地表起伏不定，故取平均标高为模型上表面标高，施加应力边界条件计算平衡后，将计算结果导入 tecplot 后处理，如图 9-8 所示。

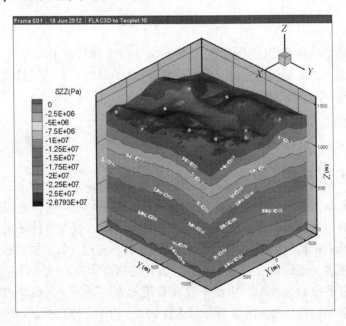

图 9-8　初始平衡后最大主应力

采用应力边界法施加初始应力后，在正式计算中要施加位移边界条件，即：固定模型底部，模型底部 z 方向位移为零；固定模型左右边界，模型左右边界 x 方向位移为零；固定模型前后边界，模型前后边界 y 方向位移为零。

9.5.5 计算方案

在数值计算中，有几点基本假设：

（1）认为岩体为连续均质、各向同性的力学介质；

（2）忽略断层、节理和裂隙等不连续面对采场稳定性的影响；

（3）计算过程不考虑岩体流变效应；

（4）不考虑地下水、地震和爆破震动力对采场稳定性的影响；

（5）矿山的开拓巷道、竖井、斜井对整体矿山的影响只是局部的，在数值模拟中可以忽略。

高峰矿前期主要开采 100 号矿体，现阶段进行 105 号矿体的深部开采，100 号矿体标高 +690 ～ -79m，105 号矿体标高 -79 ～ -250m。为了研究深部开采的地压活动规律和围岩稳定性的动态变化过程，并分析开采顺序和开挖步骤对开采稳定性的影响，计算中采用了各中段分步回采的计算方式：开挖充填 +690 ～ +540m 水平；开挖充填 +540 ～ +400m 水平；开挖充填 +400 ～ +250m 水平；开挖充填 +250 ～ +100m 水平；开挖充填 +100 ～ -50m 水平和开挖充填 -50m 以下水平，回采顺序一共 6 步，从而模拟出整个开采过程。上述每个阶段的计算均按顺序在前一阶段计算基础上连续进行，从而客观地反映了矿体逐步开采过程中围岩应力叠加、岩体变形延续与破坏逐渐发展的力学进程和效果，最后得出高峰矿在 105 号矿体多空区条件下回采充填后的力学效应。

本研究的重点是高峰矿深部多空区条件下充填采矿所造成的地压分布情况，即在高峰深部多空区条件下的地压分布规律。计算结果给出每步回采后围岩应力、位移的分布情况，从而模拟出整个开采过程中围岩应力、位移的动态变化与发展过程，通过分析地压变化，研究得出矿山深部地压分布规律，特别是深部 105 号矿体各分段地压分布状况。分别在 -103m、-124m、-151m、-200m 水平矿体上下盘处和南北部选取一个节点和单元，监测其位移和应力变化情况，分析高峰矿地压和位移演变过程。

9.5.6　采动地压分布特征

9.5.6.1　整体地压变化规律

6 步计算结束后，105 号矿体主要回采水平的上下盘围岩和矿体中的最大主应力、最小主应力见表 9-6。应力分布状态反映出如下的规律：随着开挖的推进，-123m 水平的最大主应力在矿体未开挖充填时变化不大，到开挖后，最大主应力明显增大，而最小主应力变化平稳；当空区充填后，最大主应力值随着下降，说明深部矿体的开挖对 -123m 水平应力状态的影响较大，而充填空区有利于缓解应力集中。-151m 水平最大主应力呈逐渐下降的趋势，说明上部矿体的回采对 -151m 水平有一个卸压作用，但是最大主应力值依然比较大，容易使岩体发生塑性压缩破坏。-200m 水平的应力变化不大，随着计算的进行其值有小幅下降，表明上部矿体回采形成的空区有卸载作用，使最大主应力值下降。

表 9-6　6 步开挖回填后的应力分布状态

开挖步	开采深度 /m	计算模式	-123m 水平		-151m 水平		-200m 水平	
			最大主应力/MPa	最小主应力/MPa	最大主应力/MPa	最小主应力/MPa	最大主应力/MPa	最小主应力/MPa
1	+690 ~ +540	开挖	-52.7	-38.6	-63.7	-36.8	-54.5	-39.6
		充填	-52.6	-38.6	-63.7	-36.7	-54.5	-39.6
2	+540 ~ +400	开挖	-52.8	-39.6	-59.9	-37.0	-52.4	-39.6
		充填	-52.8	-39.5	-59.8	-37.0	-52.4	-39.6
3	+400 ~ +250	开挖	-52.9	-40.1	-50.5	-36.0	-51.6	-39.6
		充填	-52.9	-40.1	-50.4	-36.0	-51.6	-39.6
4	+250 ~ +100	开挖	-54.1	-38.7	-47.9	-35.7	-53.0	-38.7
		充填	-54.1	-38.7	-47.9	-35.7	-52.9	-38.7
5	+100 ~ -50	开挖	-53.2	-39.3	-48.1	-35.7	-52.8	-38.6
		充填	-53.2	-39.3	-48.1	-35.7	-52.8	-38.6
6	-50 以下	开挖	-83.8	-35.3	-59.7	-35.4	-52.6	-38.5
		充填	-63.9	-33.6	-49.7	-35.4	-52.6	-38.5

9.5.6.2　-200m 水平应力变化规律及分布特征

图 9-9(a) 为矿体开挖后 -200m 水平最大主应力云图。模型范围

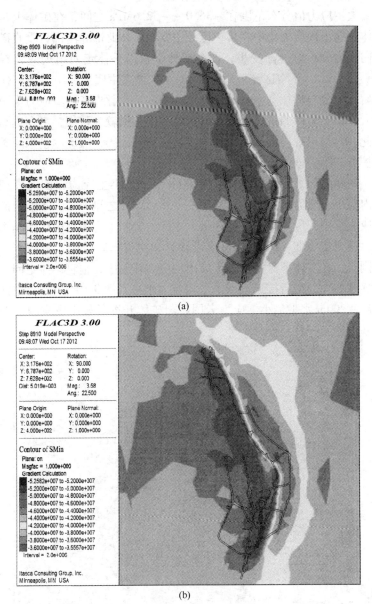

图 9-9 -200m 水平最大主应力云图

(a) 矿体开挖后；(b) 空区充填后

内最大主应力值分布范围在 -36.0 ~ -52.6MPa 之间，在矿体上盘沿矿体走向出现应力集中，集中区域主要在矿体北部和南部，垂直矿体走向应力分布值逐渐变小，即在矿体下盘沿矿体走向出现应力释放区。图 9-9(b) 是空区充填后 -200m 水平最大主应力云图，与矿体开挖后应力分布特征基本一致。在矿体南部上盘脉外巷区域应力集中值较大，高于岩体的抗压强度。该区域采准巷道较为密集，水仓也布置在此，容易出现局部压应力集中，造成岩体破碎，故应尽量采用柔性支护方式维护该区域巷道。

图 9-10(a) 为矿体开挖后 -200m 水平最小主应力云图。模型范围内最小主应力值分布在 -23.0 ~ -38.5MPa 之间，在矿体中南部出现应力集中，应力集中区域和最大主应力云图中应力集中区域基本一致，主要集中在 -200m 水平水仓附近，使得该区域矿岩较破碎，支护困难；在矿体下盘沿矿体走向出现应力释放区，垂直矿体走向应力值逐渐变大，最后接近该水平平均应力水平。图 9-10（b）是空区充填后 -200m 水平最小主应力云图，与矿体开挖后最小主应力分布特征基本趋于一致。

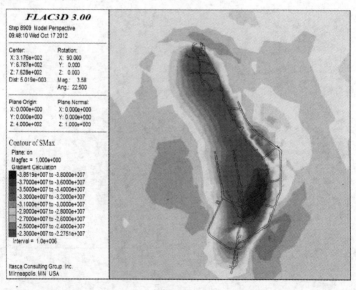

(a)

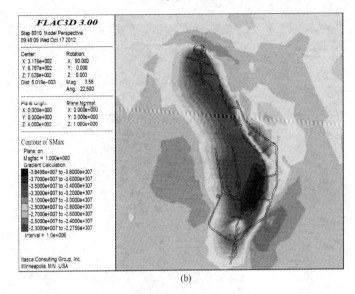

(b)

图 9-10 −200m 水平最小主应力云图

（a）矿体开挖后；（b）空区充填后

图 9-11 ~ 图 9-13 分别为 −200m 水平开挖及充填后 SXX、SYY、

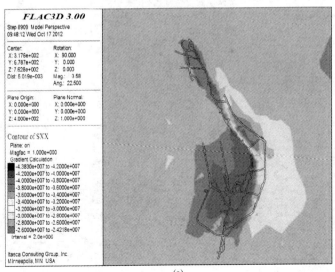

(a)

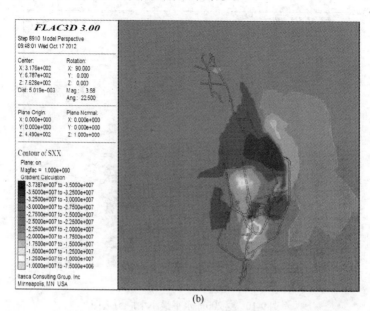

(b)

图 9-11   –200m 水平 SXX 应力云图
(a) 矿体开挖后；(b) 空区充填后

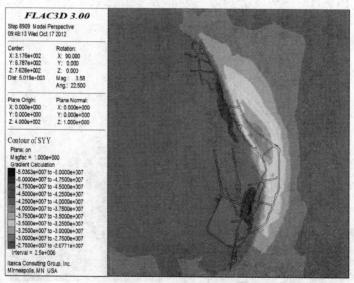

(a)

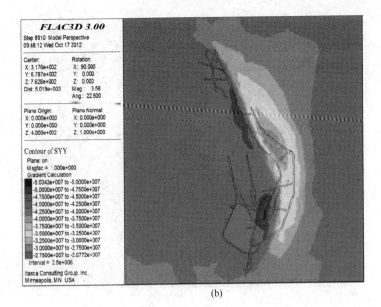

(b)

图 9-12 −200m 水平 SYY 应力云图

(a) 矿体开挖后；(b) 空区充填后

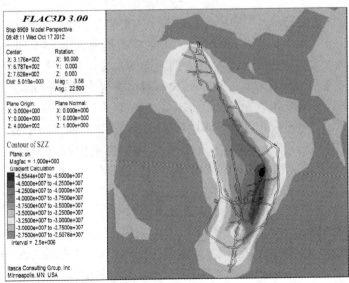

(a)

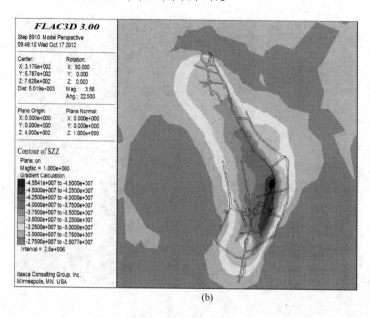

(b)

图 9-13　-200m 水平 SZZ 应力云图
（a）矿体开挖后；（b）空区充填后

SZZ 方向应力云图。从图中可以看出，开挖充填后应力分布特征基本一致，应力最大值也变化不大。SYY 的应力集中值比 SXX 和 SZZ 都大，表明主控应力是接近矿体走向方向的水平应力。这是由于开挖后，开挖水平区域未到 -200m，没有对水平构造应力隔断，-200m 水平应力状态仍以水平应力为主。由 SYY 应力分布状态可见，在矿体上盘沿脉巷处都出现两个不同程度的应力集中区域（图中蓝（深）色区域为应力集中区域）。在矿体南部应力集中程度最大，达到 -50.3MPa，该区域的岩体较破碎，易发生破坏，应采取相应的措施加强支护，以保证生产安全。

9.5.6.3　-250m 水平应力分布特征

图 9-14 为 -250m 水平最大主应力云图。应力值集中在 -36.0 ~ -52.5MPa 之间，最大值出现在矿体上盘的北部和矿体南部区域，应力集中范围较小，表明 -250m 水平目前受上部开采影响较小，没有形成较大范围的应力集中区域，但在矿体和矿体下盘出现较大范围的应力卸载区。

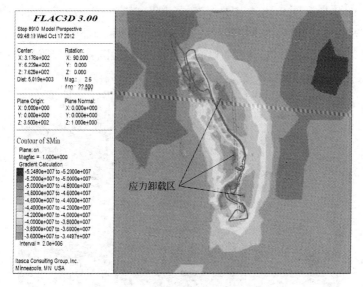

图 9-14 −250m 水平最大主应力云图

图 9-15 为 −250m 水平最小主应力云图，应力分布范围为 −17.6 ~ −40.3MPa，应力集中区域和最大主应力集中区域基本一致。

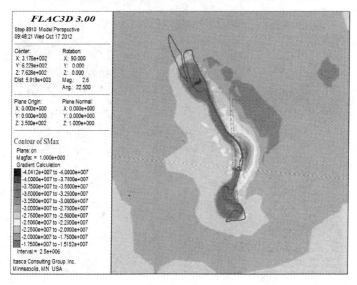

图 9-15 −250m 水平最小主应力云图

图 9-16 ~ 图 9-18 分别是 -250m 水平 SXX、SYY、SZZ 方向的应力云图。从图中可知,应力集中区域主要在矿体北部和南部区域,该区域未来的采准工程应做好地压控制管理工作,并对采场和巷道加强监测维护。

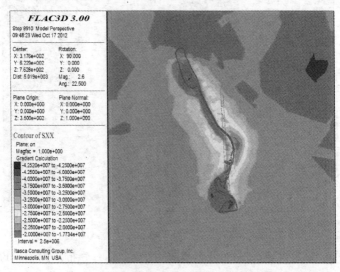

图 9-16   -250m 水平 SXX 应力云图

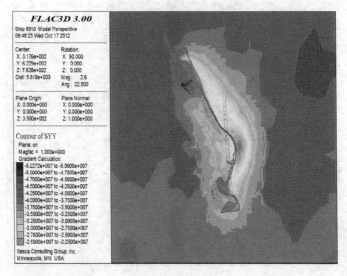

图 9-17   -250m 水平 SYY 应力云图

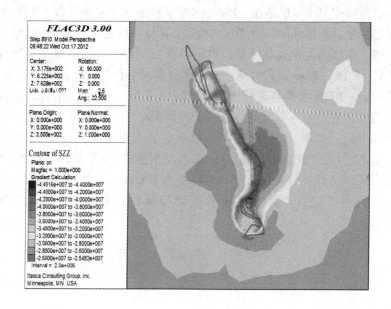

图 9-18　－250m 水平 SZZ 应力云图

9.6　高峰矿卸压开采可行性

9.6.1　高峰矿开采基本现状

　　从高峰矿地压显现特征可以看出，高峰矿随着开采深度增加，其地压显现具有增大趋势；从地压显现范围看，其地压显现也具有一定区域性；此外，从高峰矿地压显现程度来看，其地压显现主要是以巷道片帮、顶板冒落为主。因此，高峰矿地压显现程度并不十分剧烈，其地压显现范围也有一定局域性。

　　经调查研究发现，高峰矿地压显现范围主要集中在 50 ~ 56 号勘探线区域以及南部 I 号勘探线附近范围内。从剖面图可以看出，该区段内矿体为中厚倾斜矿体，矿体倾角为 30° ~ 65°，矿体水平厚度为 4 ~ 13m。高峰矿采用上向分层充填法开采，沿脉巷道靠近矿体上盘位置布置，可以有效起到探矿作用，并能更好控制巷道形态。因此，高峰矿沿脉巷道均布置在上盘围岩或者矿体及矿岩接触带中。

高峰矿 105 号矿体在 −150m 水平及以下水平出现比较大的矿体形态变化，矿体倾向与上部倾向相反，矿体厚度变薄，成为中厚倾斜矿体。在倾向发生变化之后，由于其开拓工程布置没有改变，导致105 号矿体 −200m 阶段开采中的大部分井巷工程都布置在矿体上盘。其中，−103m 水平巷道破坏严重区域位于 50 号勘探线附近。从剖面图可以看出，该区域矿体也是中厚倾斜矿体，沿脉巷道也布置在矿体中间，如图 9-19 所示；−151m 水平主要破坏区域位于 50-52号至 52 号勘探线区域以及 −151m 水平东部52-54 号至 54 号勘探线之间区域，该区域矿体已经基本转变为中厚倾斜矿体，且主要沿脉巷道仍然布置在矿体上盘矿岩接触带部位或矿体中，如图 9-20所示。

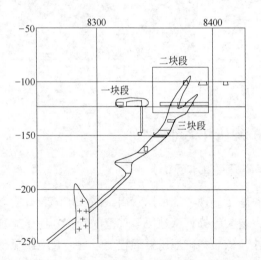

图 9-19　105 号矿体 50 号勘探线剖面图

此外，−166m 水平以及 −200m 水平矿体形态及产状完全变成中厚倾斜矿体，且其主要沿脉巷道均布置在上盘矿岩接触带或矿体中。从调查的 4 个分段巷道主要破坏位置可以看出，破坏的巷道基本布置在矿体上盘矿岩接触带中或靠近上盘矿体中，这说明沿脉巷道的破坏与其工程布置位置有着一定关系，也与矿体产状相关。而调查认为这些破坏位置也是地压较高区域，因此高峰矿沿脉巷道破

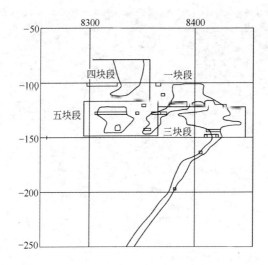

图 9-20　105 号矿体 52 号勘探线剖面图

坏主要是工程布置位置与矿体产状条件不协调，从而出现较高应力集中所致。

9.6.2　高峰矿充填开采后上下盘地压分布特征

为了研究高峰矿上向充填开采后地压分布对下部开采的影响，选择了高峰矿 52 号勘探线剖面图作为计算模型建立依据，并根据剖面图建立数值计算模型分析高峰矿充填法开采对垂向矿体走向方向以及矿体延深方向的地压影响，从而为高峰矿上下盘工程布置及卸压开采提供依据。

9.6.2.1　模型的建立

由于 FLAC[3D] 前处理功能差，高峰矿 52 号剖面模型在 ansys14.0 中的 workbench 平台中利用 DesignModeler 工具建立（见图 9-21），然后通过编写的转换程序导入 FLAC[3D] 中进行计算分析。建立的计算模型如图 9-22 所示。

9.6.2.2　计算结果分析

高峰矿深部采用上向分层水平充填法回采矿体，数值模拟中 –150 ~ –200m 中段分为 5 个分层，由下往上依次开挖并充填，在计

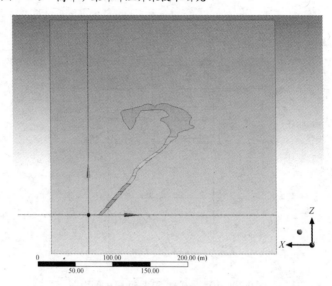

图 9-21　计算模型剖面图

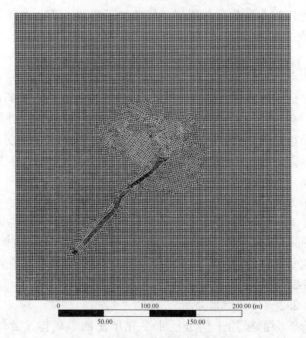

图 9-22　划分网格后的计算模型

算的同时监测矿体周围单元的应力变化情况，分析开挖对上下盘围岩的稳定性影响。监测点的布置情况为：在每个分层上从矿体边界开始向外每隔 2m 取一个监测点，每个分层左右各 5 个监测点（见图 9-23）。

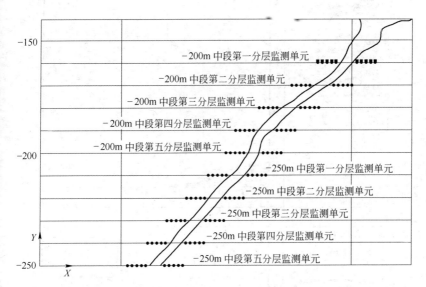

图 9-23　监测点布置位置图

图 9-24 ~ 图 9-28 为 -200m 中段各分层监测点最大主应力变化曲线。从图中可以看出，当 -200m 中段矿体上向分层回采时，不管是矿体上盘区域还是下盘区域，监测范围内都会出现应力升高现象。而 -200m 水平矿体上盘区域，不管是矿体上向回采几个分层，上盘 10m 监测范围内都始终处在应力升高状态；其下盘围岩监测范围内则在回采第二个分层后出现应力降低现象，然后随着其他分层的回采应力又逐步升高，但应力升高程度没有超过原始应力大小。其他各监测水平随着开采进行，也都出现类似的应力变化过程。靠近该中段上部的监测水平，其上下盘位置都出现应力集中现象。

对照应力分布云图后可以看出，应力集中区域分布在回采充填区顶底板位置，且其宽度方向基本与矿体倾向垂直，即应力集中区也随

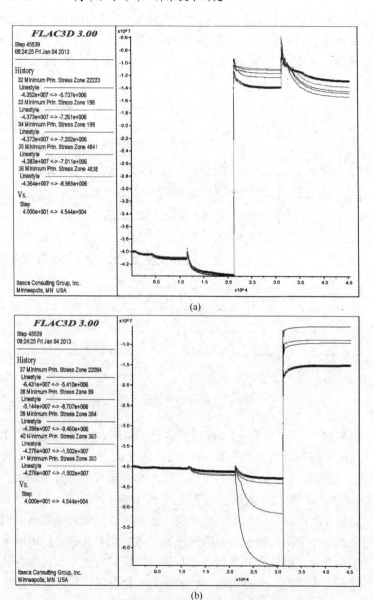

图 9-24 -200m 第一分层监测单元最大主应力变化曲线
(a) 左侧；(b) 右侧

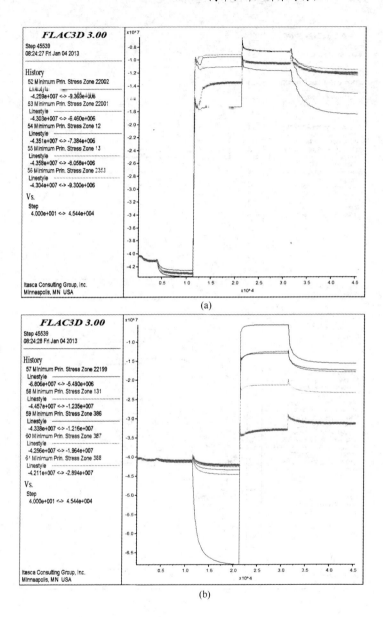

图 9-25 -200m 第二分层监测单元最大主应力变化曲线

(a) 左侧；(b) 右侧

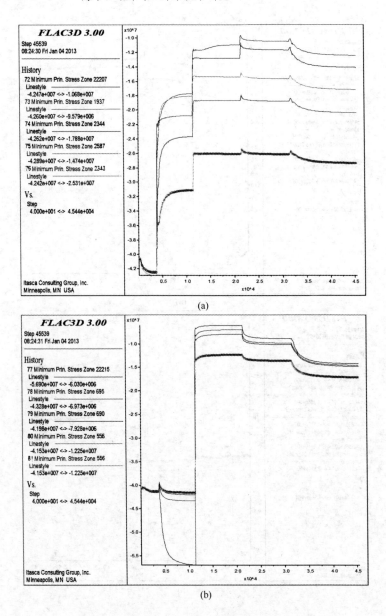

图 9-26　−200m 第三分层监测单元最大主应力变化曲线

(a) 左侧；(b) 右侧

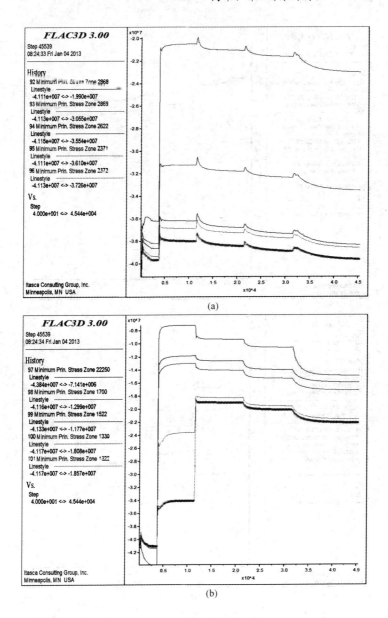

图 9-27 –200m 第四分层监测单元最大主应力变化曲线
（a）左侧；（b）右侧

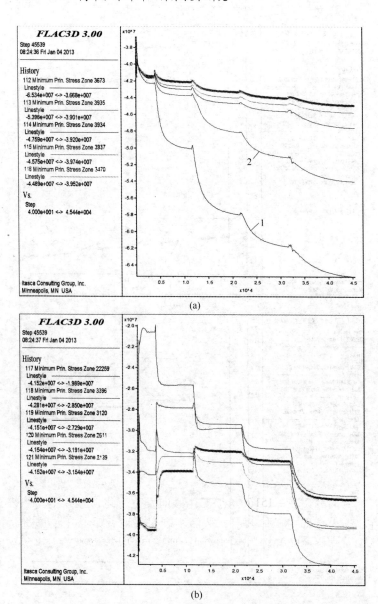

图 9-28   −200m 第五分层监测单元最大主应力变化曲线

(a) 左侧；(b) 右侧

矿体倾角发生倾斜。矿体开采并充填后，充填体上下盘位置均出现一定范围的应力降低区域。

从各监测点最大主应力变化曲线可以看出，下盘监测点应力降低程度及降低范围要大于上盘区域，下盘应力降低区域平均宽度约在 10m 左右。-200m 中段第五个分层监测单元的最大主应力虽有波动（见图 9-28），但总体上呈逐渐增大的趋势。第五分层各监测单元最大主应力变化曲线中，黑线（1 线）与红线（2 线）的应力值较大，另外三条线的应力值较小（见图 9-28(a)），说明在第五分层监测单元中，离矿体边界越近，应力集中值越大，而离矿体 6m 左右范围内应力集中相对平稳。

9.7 高峰矿卸压开采基本思路

根据高峰矿目前开采及工程布置现状，依据高峰矿地压活动规律研究结果，可以对高峰矿部分开拓及采准工程布置位置进行优化，并对回采顺序进行调整以达到卸压开采，实现工程稳定的目的。高峰矿采用上向分层充填法开采，开采充填对采场及周围地压都有一定影响。因此，高峰矿对于受地压破坏严重的区域应该采取相应的卸压措施。

根据高峰矿工程布置现状以及地压分布特征，采用卸压开采方式是比较经济合理的措施，即根据高峰矿深部矿体条件，结合高峰矿开采地压活动规律，将主要沿脉巷道等工程布置在地压降低区或避开地压升高区。对于局部地压较大的区域，如果井巷工程无法避开，则应采用应力释放或转移的卸压措施。

由于高峰矿在 -151m 水平矿体倾向发生变化，导致主要工程布置在矿体上盘即主矿体西盘，从而不利于采取开采卸压措施进行回采。但是高峰矿随着开采深度增加，地压显现也日趋严重，必须采取相应措施降低地压对回采造成的危害。而从高峰矿现有开拓及开采方式下地压分布特征看，当上中段开采后会有较大应力集中区分布在下中段矿体上盘部位，从而使下中段矿体上盘位置开拓及采准工程承受较大地压作用。因此，高峰矿若要避免地压作用造成工程破坏，首先应避免将主要巷道工程布置在上盘应力集中区内，并根据开采条件对井巷工程位置及开采顺序等进行优化。

高峰矿现场调查以及理论计算分析都表明，高峰矿目前主要阶段或分段巷道布置位置没有避开采动地压集中范围。虽然充填采空区可以有效转移地压并降低地压集中程度，但布置在应力集中区的巷道仍容易受地压作用而破坏，因此，建议高峰矿在条件许可的情况下尽可能将主要阶段巷道或分段巷道布置在矿体下盘围岩中，且应距矿体下盘边界10m左右；而对于无法在下盘布置巷道的水平，则布置在上盘的阶段巷道或分段巷道也应布置在距矿体上盘边界6m以外区域。

高峰矿在上向分层充填开采中，其采场顶板部位也会出现应力集中现象。在采场顶板应力集中对顶板稳定性影响不是非常严重情况下，可以通过采场护顶方式来提高采场顶板稳定性。此外，爆破震动对地压变化有一定影响，也会直接影响采场顶板稳定性，因此需要在回采过程中采用合理的爆破方式和参数来降低爆破对采场顶板的影响。当采场顶板受地压作用破坏严重、护顶困难时，则可以考虑采用下向充填法回采，从而有效保证开采安全。

冶金工业出版社部分图书推荐

书 名	作 者	定价(元)
现代采矿手册(上、中、下册)	王运敏 主编	1000.00
采矿工程师手册(上、下册)	于润沧 主编	395.00
爆破手册	汪旭光 主编	180.00
现代金属矿床开采科学技术	古德生 等著	260.00
我国金属矿山安全与环境科技发展前瞻研究	古德生 等编著	45.00
硫化矿自燃预测预报理论与技术	阳富强 等著	43.00
采空区处理的理论与实践	李俊平 等著	29.00
地下金属矿山灾害防治技术	宋卫东 等著	75.00
高瓦斯煤层群综采面瓦斯运移与控制	谢生荣 等著	26.00
深井开采岩爆灾害微震监测预警及控制技术	王春来 等著	29.00
大倾角松软厚煤层综放开采矿压显现特征及控制技术	郭东明 等著	25.00
矿山充填力学基础(第2版)(研究生教材)	蔡嗣经 编著	30.00
高等硬岩采矿学(第2版)(研究生教材)	杨 鹏 编著	32.00
采矿学(第2版)(国规教材)	王 青 主编	58.00
地质学(第4版)(国规教材)	徐九华 等编	40.00
工程爆破(第2版)(国规教材)	翁春林 等编	32.00
矿产资源开发利用与规划(本科教材)	邢立亭 等编	40.00
金属矿床地下开采(第2版)(本科教材)	解世俊 主编	33.00
复合矿与二次资源综合利用(本科教材)	孟繁明 编	36.00
固体物料分选学(第2版)(本科教材)	魏德洲 主编	59.00
碎矿与磨矿(第3版)(本科教材)	段希祥 主编	35.00
矿产资源综合利用(本科教材)	张 佶 主编	30.00
磁电选矿(第2版)(本科教材)	袁致涛 等编	39.00
矿山岩石力学(本科教材)	李俊平 主编	49.00
选矿原理与工艺(高职高专规划教材)	于春梅 等编	28.00
金属矿山环境保护与安全(高职高专教材)	孙文武 主编	35.00
选矿概论(高职高专规划教材)	于春梅 等编	20.00
金属矿床开采(高职高专教材)	刘念苏 主编	53.00
矿山爆破(高职高专规划教材)	张敢生 主编	29.00